图解畜禽标准化规模养殖系列丛书

鹅标准化规模养殖图册

王继文　李　亮　马　敏　主编

中国农业出版社
北　京

丛书编委会

本书编委会

主　　编　王继文　李　亮　马　敏

副 主 编　刘贺贺　朱德康　曾秋凤　韩春春　李　诚

编　　者（按姓氏笔画排序）

马　敏　王继文　朱德康　刘贺贺

李　诚　李　亮　李　强　张荣萍

夏　露　韩春春　曾秋凤　魏守海

总　　序

我国畜牧业近几十年得到了长足的发展和取得了突出的成就，为国民经济建设和人民生活水平提高发挥了重要的支撑作用。目前，我国畜牧业正处于由传统畜牧业向现代畜牧业转型的关键时期，畜牧生产方式必然发生根本的变革。在新的发展形势下，尚存在一些影响发展的制约因素，主要表现在畜禽规模化程度不高，标准化生产体系不健全，疫病防治制度不规范，安全生产和环境控制的压力加大。主要原因在于现代科学技术的推广应用还不够广泛和深入，从业者的科技意识和技术水平尚待提高，这就需要科技工作者为广大养殖企业和农户提供更加浅显易懂、便于推广使用的科普读物。

《图解畜禽标准化规模养殖系列丛书》的编写出版，正是适应我国现代畜牧业发展和广大养殖户的需要，针对畜禽生产中存在的问题，对猪、蛋鸡、肉鸡、奶牛、肉牛、山羊、绵羊、兔、鸭、鹅10种畜禽的标准化生产，以图文并茂的方式介绍了标准化规模养殖全过程、产品加工、经营管理的关键技术环节和要点。丛书内容十分丰富，包括畜禽养殖场选址与设计、畜禽品种与繁殖技术、饲料与日粮配制、饲养管理、环境卫生与控制、常见疾病诊治与防疫、畜禽屠宰与产品加工、畜禽养殖场经营管理等内容。

本套丛书具有鲜明的特点：一是顺应现代畜牧业发展要求，引领产业发展。本套丛书以标准化和规模化为着力点，对促进我国畜牧业生产方式的转变，加快构建现代产业体系，推动产业转型升级，深入推进畜牧业标准化、规模化、产业化发展具有重要意义。二是组织了实力雄厚的创作队伍，创作团队由国内知名专家学者组成，其中主要包括大专院校和科研院所的专家、教授，国家现代农业产业技术体系的岗位科学家和骨干成员、养殖企业的技术骨干，他们长期在教学和畜禽生产一线工作，具有扎实的专业理论知识和实践经验。三是立意新颖，用图解的方式完整解析畜禽生产全产业链的关键技术，突出标准化和规模化特色，从专业、规范、标准化的角度介绍国内外的畜禽养殖最新实用技术成果和标准化生产技术规程。四是写作手法创新，突出原创，通过作者自己原创的照片、线条图、卡通图等多种形式，辅助以诙谐幽默的大众化语言来讲述畜禽标准化规模养殖和产品加工过程中的关键技术环节和要求，以及经营理念。文中收录的图片和插图生动、直观、科学、准确，文字简练、易懂、富有趣味性，具有一看就懂、一学即会的实用特点。适合养殖场及相关技术人员培训、学习和参考。

本套丛书的出版发行，必将对加快我国畜禽生产的规模化和标准化进程起到重要的助推作用，对现代畜牧业的持续、健康发展产生重要的影响。

中国工程院院士
华中农业大学教授 陈焕春

编者的话

针对现阶段我国畜禽养殖存在的突出问题，以传播现代标准化养殖知识和规模化经营理念为宗旨，四川农业大学牵头组织200余人共同创作《图解畜禽标准化规模养殖系列丛书》，包括猪、奶牛、肉牛、蛋鸡、肉鸡、鸭、鹅、山羊、绵羊和兔10本图册，于2013年1月由中国农业出版社出版发行。丛书将"畜禽良种化、养殖设施化、生产规范化、防疫制度化、粪污处理无害化"的内涵贯穿于全过程，充分考虑受众的阅读习惯和理解能力，采用通俗易懂、幽默诙谐的图文搭配，生动形象地解析畜禽标准化生产全产业链关键技术，实用性和可操作性强，深受企业和养殖户喜爱。丛书发行覆盖了全国31个省、自治区、直辖市，发行10万余册，并入选全国"养殖书屋"用书，对行业发展产生了积极的影响。

为了进一步扩大丛书的推广面，在保持原图册内容和风格基础上，我们重新编印出版简装本，内容更加简明扼要，易于学习和掌握应用知识，并降低了印刷成本。同时，利用现代融媒体手段，将大量图片和视频资料通过二维码链接，用手机扫描观看，极大方便了读者阅读。相信简装本的出版发行，将进一步普及畜禽科学养殖知识，提升畜禽标准化养殖和畜产品质量安全水平、助推脱贫攻坚和乡村振兴战略实施。

目　录

1 第一章　鹅场的规划与建设

第一节　鹅场的规划

一、鹅场的选址

● **位置要求**

➢ 适宜养殖区域，土地使用符合用地规划及相关法律要求。

➢ 饲草资源丰富，能满足种鹅场的要求。

➢ 交通便利，与居民区、公路等的距离符合《中华人民共和国动物防疫法》。

➢ 地势高燥、平坦、开阔、向阳背风利于排水。

➢ 水源充足、清洁。

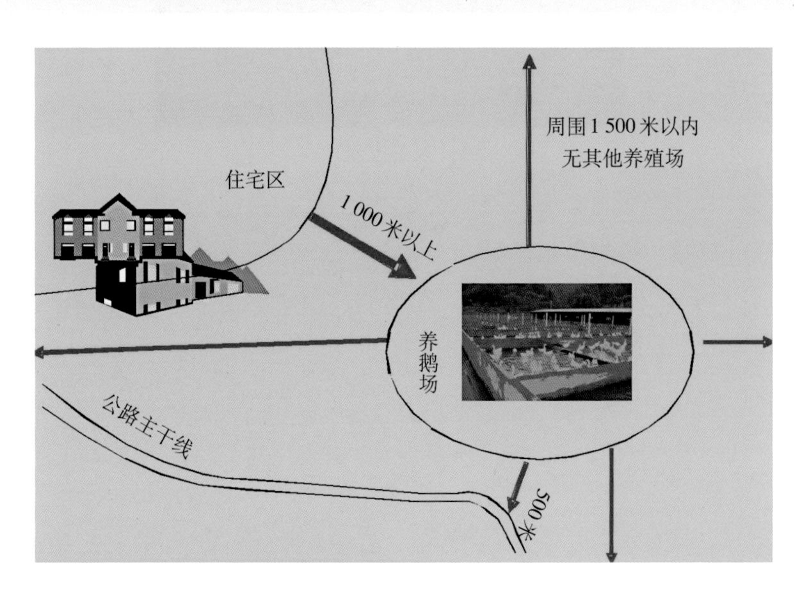

● **水源** 鹅场必须保证有充足清洁的水源。

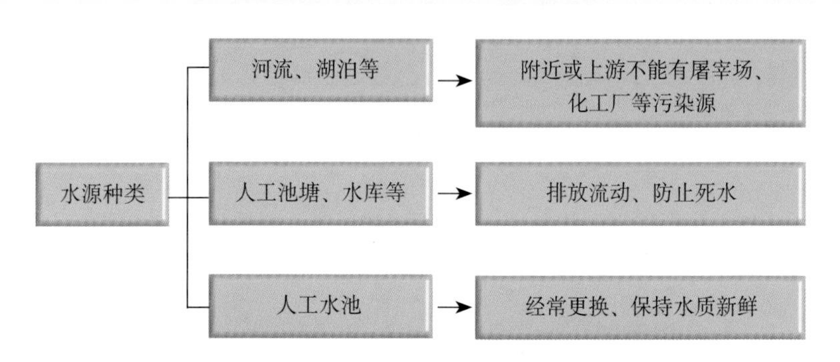

人工水池

● **草源** 鹅是节粮型家禽，在养殖中可充分利用青绿饲料，降低饲料成本。

牧草基地

● **地势**　鹅舍地势应高燥平缓，最好向水面倾斜5°～10°，地下水位应低于建筑场地基0.5米以下，以便排水。在河流、湖泊旁建场，应选在比当地历年水位线高2米以上的地方；常发洪水地区，鹅舍须建于洪水水位线以上；山区应选择在半山腰建场。

● **朝向**　鹅舍尽量朝南或偏东南，做到冬暖夏凉。

二、鹅场的布局

● **原则**　便于管理，有利于提高工作效率，便于搞好卫生防疫工作，充分考虑饲养作业流程的合理性，节约基建投资。

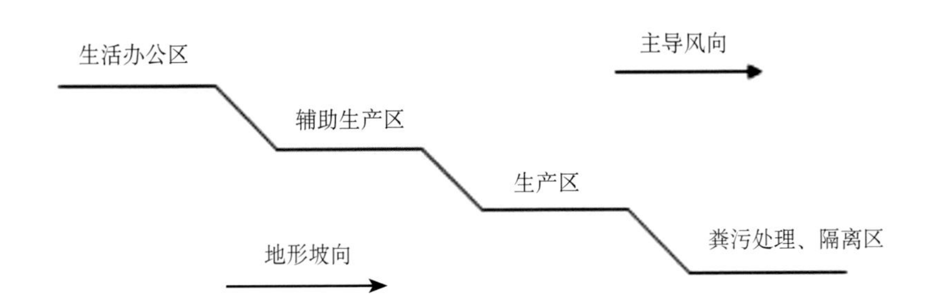

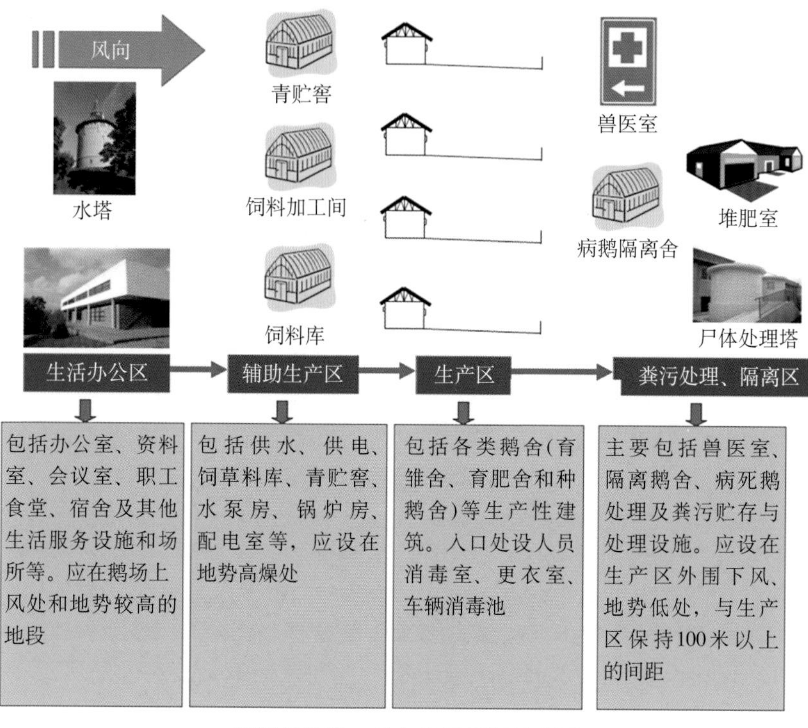

鹅场按地势、风向分区规划示意图

第二节 鹅舍的类型与建设

一、育雏舍

▲ **基本要求** 温暖、干燥、保温性能良好，空气流通而无贼风，电力供应稳定，便于安装保温设备。规模化养鹅场最好同时建设有网上育雏舍和地面育雏舍。

● **网上育雏舍** 饲养7～14

日龄的雏鹅。房舍檐高一般为2～2.5米，内设天花板以增加保温性能，窗与地面面积之比一般为1：（10～15），南窗离地面60～70厘米，设置气窗，便于空气调节；北窗面积应为南窗的1/3～1/2，离地1米左右。所有窗子与下水道通外的口子要装上铁丝网，以防兽害。鹅舍地面最好用水泥或砖铺成，并比舍外高20～30厘米，便于消毒，并向一边略倾斜，并铺设排水沟渠，以利排水。

● **地面育雏舍**　饲养14～28日龄的雏鹅。舍内可分成若干个单独的育雏间，每小间的面积为15～20米^2，可容纳30日龄以下的雏鹅90～120只。地面用水泥硬化，方便清洗、消毒。需要在放置饮水器的地方铺设排水沟，并盖上漏缝板，雏鹅饮水时溅出的水可漏到排水沟中排出，确保室内干燥。

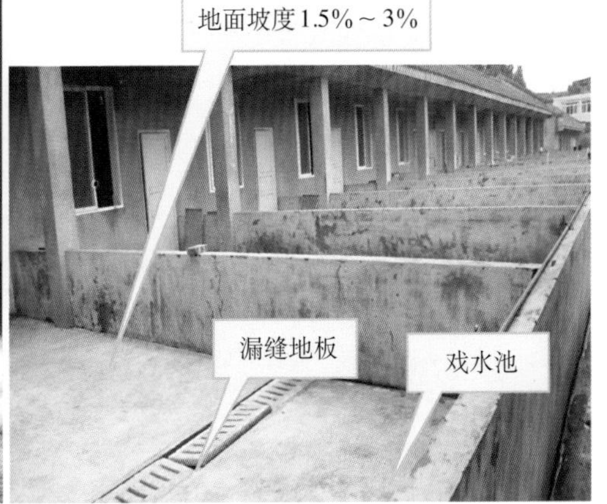

地面育雏舍及室外运动场

地面育雏舍室外设运动场和戏水池。料槽可设置在舍前屋檐下；运动场略向水面倾斜，便于排水，喂料场与水面连接的斜坡长3.5～5米。运动场宽度为3～6米，长度与鹅舍长度等齐。运动场外接戏水池，池底不宜太深，且应有一定坡度，便于雏鹅上下和浴后站立休息。

地面育雏舍走廊及室外戏水池

二、种鹅舍

种鹅舍一般由鹅舍、陆地运动场和水面运动场三部分组成。

● **鹅舍** 舍檐高1.8～2米。舍内地面为砖或水泥铺成，便于清洁消毒，舍内地面比舍外高10～15厘米，以保证干燥。舍内设产蛋窝，产蛋窝可用高60厘米的竹竿或水泥板围成，地面铺上厚的柔软稻草或干燥锯末。

单列式棚舍内部结构

双列式棚舍内部结构

● **运动场**　包括陆地和水面运动场两部分，舍内面积、陆地运动场、水面运动场的比例一般为1：4 ：1.5。水面运动场水深30～50厘米，陆地至水面应有适宜的坡度。陆地运动场要有遮阳装置，也可以种植冬季落叶树。

三、商品鹅舍

● **舍内网床式鹅舍**　舍内网床可采用竹篾加塑料网的形式，竹篾离地面0.6米。设备网床隔成若干小间，每小间饲养150～200只商品鹅。舍内网床下底面可采用斜坡，以方便集粪。

● **地面平养式鹅舍** 一般采用砖木结构，直接在地面饲养，须每天清扫，常更换垫草，以保持舍内干燥，还要特别考虑夏季散热。可在前后墙设置上下两排窗户，下排窗户下缘距地面30厘米左右，冬季保暖可将窗堵严实。为防敌害，可安装一层金属网。

商品鹅舍（舍内铺上柔软的稻草，墙体用石灰消毒）

四、反季节种鹅舍

● **反季节种鹅舍** 反季节种鹅舍能够有效地进行光照、温度的人工调控。舍内和运动场均要有遮光设施，舍内要有补充人工光照的照明系统，要有良好的通风系统，保证高温季节的降温。有条件的养殖

场最好修建封闭式鹅舍，安装水帘降温、通风系统、光照系统等设施，实现更有效的光照、温度等环境条件的人工调控。

运动场上架设遮阳凉棚

第三节 鹅场配套设施

一、孵化厅

孵化厅应与鹅舍距离150米以上，以免来自鹅舍的病原微生物横向传播。孵化厅应具有良好的保温性能，外墙、地面要有保温设计。孵化厅还要有换气设备，使二氧化碳的含量低于0.01%。地面要用水泥硬化，便于消毒，并向一边略倾斜，并铺设排水沟渠，以利排水。

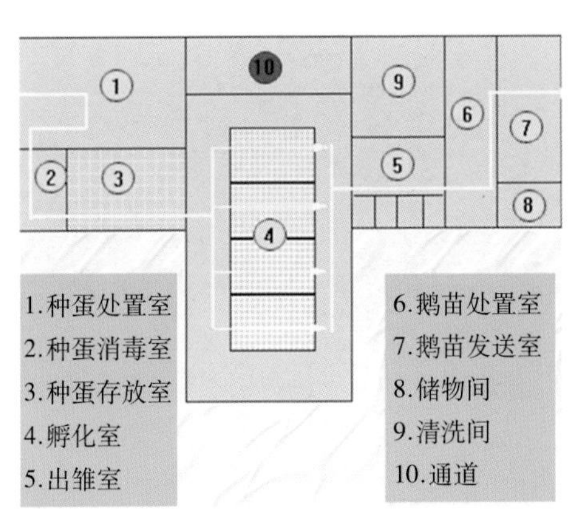

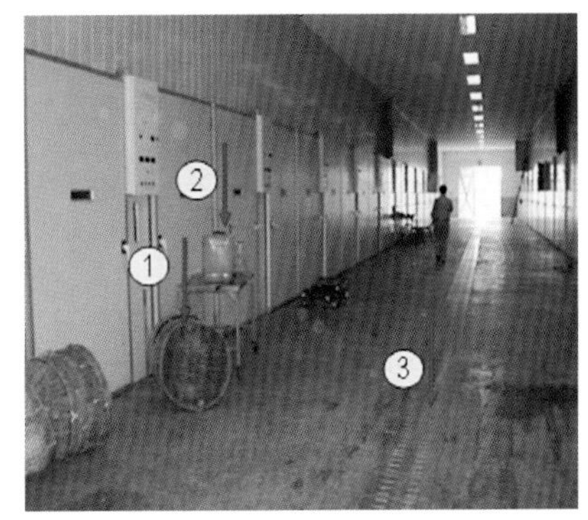

孵化厅内部及常用设施
1.搬运竹筐 2.喷雾器 3.排水沟

二、饲料加工与贮藏室

● **饲料加工与贮藏室布局** 养鹅场一般需要配置饲料加工车间和贮藏室等基础设施。

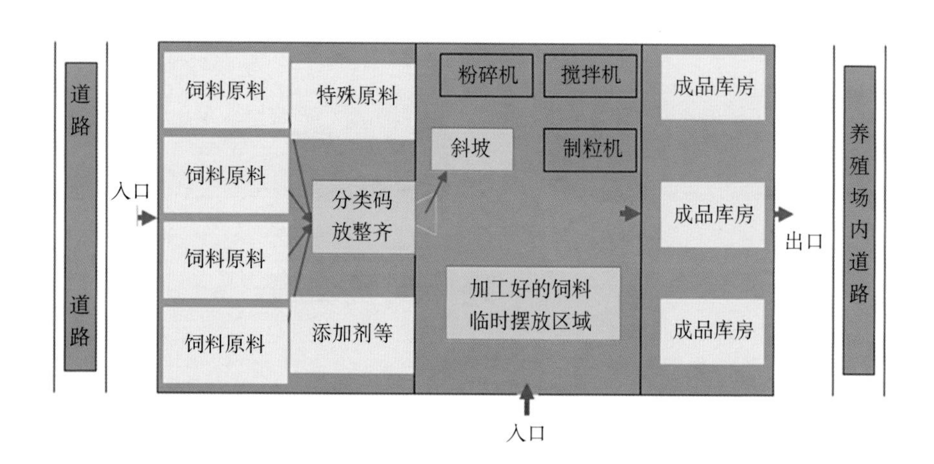

● **饲料加工室** 鹅场所用饲料一般自行配制，可节约饲养成本，也能够保证饲料质量。所需设备一般包括粉碎机、搅拌机、制粒机等。

小型鹅场可配备简易饲料原料粉碎机和搅拌机

（左为粉碎机，右为搅拌机）

制 粒 机

● 饲料贮藏室

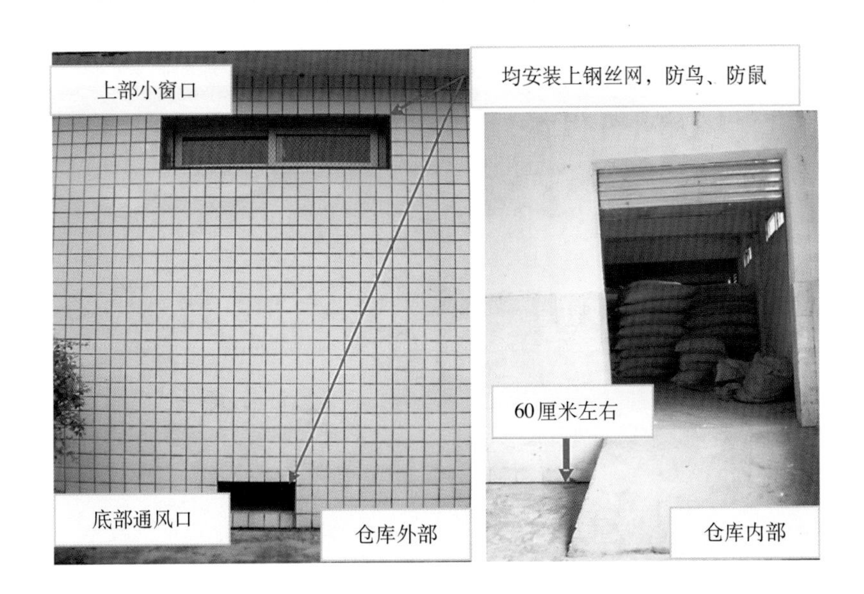

第四节　养鹅设备及用具

一、育雏及加温设备

● 层架式网上家禽育雏装置　主要由主体框架、育雏网垫、承粪板和侧面挡板组成。主体框架采用木质或钢质制成，育雏网垫采用硬质塑料网或钢丝网，网孔直径为1厘米。

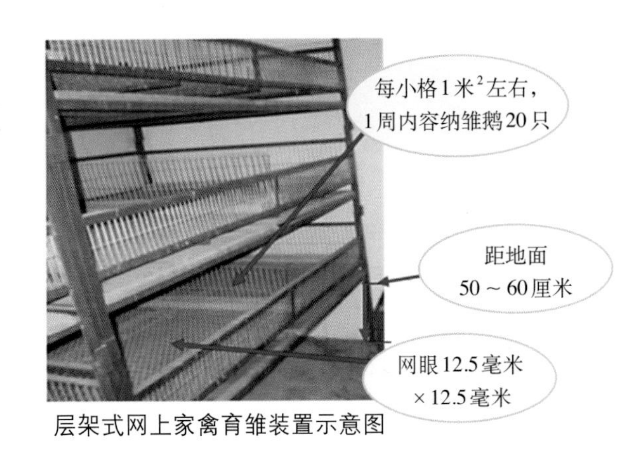

层架式网上家禽育雏装置示意图

● **育雏加温装置** 加温方法有烟道、红外线灯泡、电热育雏伞和火炕加温等方式。

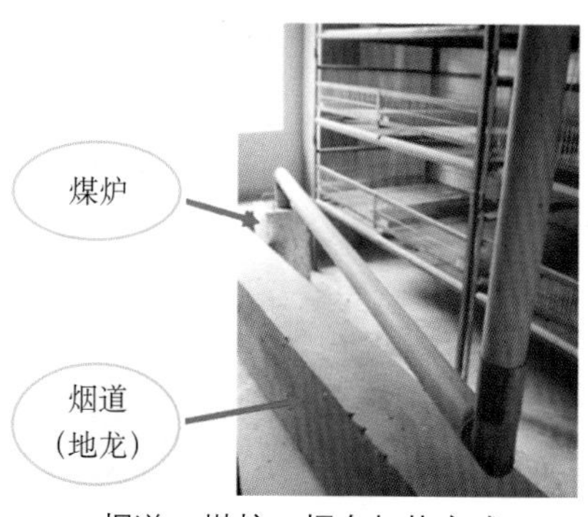

烟道、煤炉、烟囱加热方式

地面育雏舍一般采用红外灯加温

二、喂料及饮水设施

● **喂料装置** 包括饲料盘、饲槽、料桶或塑料布。饲料盘和塑料布多用于雏鹅开食，饲料盘一般采用浅料盘，塑料布反光性要强，以使雏鹅发现食物。饲槽或料桶可用于各阶段，饲槽应底宽上窄，防止饲料浪费。

● **饮水装置** 主要有饮水器、水槽。有长流水式、真空塔式、自动饮水器等多种类型，生产中也可用瓦盆、塑料盘、塑料槽等代替。

饮水器

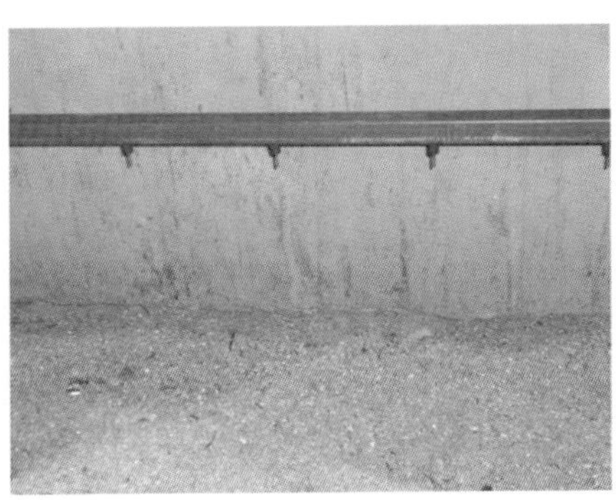

简易自动饮水器

乳头式饮水装置

三、其他设备及用具

● **碎草机** 用于青草的粉碎。

小型碎草机

- **搬运工具** 主要有竹筐、纸箱、塑胶筐等。
- **高压清洗机** 用于清洗各类鹅舍、孵化室及其他养鹅用具。

高压清洗机

2 第二章　鹅的品种

第一节　鹅的品种分类

按体型大小分类

类　别	划分标准	鹅种举例
小型鹅种	公鹅体重为3.7～5千克 母鹅为3.1～4.0千克	乌鬃鹅、太湖鹅、豁眼鹅等
中型鹅种	公鹅体重为5.1～6.5千克 母鹅为4.4～5.5千克	溆浦鹅、雁鹅、浙东白鹅、皖西白鹅、马岗鹅、四川白鹅、莱茵鹅、天府肉鹅、扬州鹅等
大型鹅种	公鹅体重为10～12千克 母鹅为6～10千克	狮头鹅、图卢兹鹅等

按羽毛颜色分类

类　别	鹅种举例
灰色	狮头鹅、雁鹅、乌鬃鹅、钢鹅、马岗鹅、阳江鹅等
白色	太湖鹅、豁眼鹅、皖西白鹅、浙东白鹅、四川白鹅、天府肉鹅、扬州鹅等

按经济用途分类

生产用途	鹅种举例
肥肝	朗德鹅等
肉用	浙东白鹅、四川白鹅、莱茵鹅、狮头鹅、溆浦鹅、天府肉鹅、扬州鹅、乌鬃鹅、太湖鹅、豁眼鹅、皖西白鹅、马岗鹅、阳江鹅等

第二节 鹅的主要品种

一、小型鹅品种

我国小型鹅种主要包括：太湖鹅、豁眼鹅和乌鬃鹅。

太 湖 鹅

太湖鹅原产于江苏、浙江的太湖流域，主要分布于江苏全省、浙江北部等地。

太湖鹅（左为母，右为公）
（引自《中国禽类遗传资源》）

● **体型外貌** 全身羽毛白色，喙、胫、蹼均为橙黄色，颈细长，无咽袋。公鹅体型稍大，肉瘤大而突出；母鹅腹部下垂，大部分有腹褶。

● **肉用性能** 成年公鹅平均体重3.6千克，母鹅3.2千克。舍饲条件下，70日龄公母鹅平均体重可达2.7千克。

● **繁殖性能** 180～200日龄开产，年产蛋量为60个左右，蛋重135～142克。公、母配种比例为1：（6～7），种蛋受精率88%～94%，受精蛋孵化率88%～92%。母鹅就巢率小于2%。

● **其他性能** 羽绒洁白，绒质较好，成年鹅背部和腹部羽毛含绒量为21.4%。

豁 眼 鹅

豁眼鹅原产于山东省的莱阳地区，分布于山东莱阳、海阳和青岛市北郊的莱西市，以及辽宁昌图、吉林通化及黑龙江延寿县等地。

● **体型外貌**　体型小，颈细长、呈弓形，体躯为椭圆形，背平宽，胸突出。全身羽毛为白色。头中等大小，黄色肉瘤，喙呈橘黄色，有咽袋。公鹅头颈粗大，肉瘤突出，前躯挺拔高抬。母鹅前躯细致紧凑，羽毛紧贴，腹部丰满、略下垂，偶有腹褶。

● **肉用性能**　成年公鹅平均体重3.72～4.58千克，母鹅3.12～3.82千克。70日龄公、母鹅平均体重3.1千克。

● **繁殖性能**　平均开产日龄217天，年产蛋数量80～120个，平均蛋重125克。公、母鹅配比为1：(6～7)，种蛋受精率90%。母鹅就巢率5%。

● **其他性能**　成年鹅经21天人工填饲，平均肥肝重195.2克。成年鹅羽毛质量较佳，一次性屠宰取毛，公纯绒为54克，毛片140克；母纯绒60克，毛片136克。

豁眼鹅（左为母，右为公）
（引自《中国禽类遗传资源》）

乌　鬃　鹅

乌鬃鹅原产于广东省清远县，因其颈背部有一条由大渐小的深褐色鬃状羽毛带而得名。

● **体型外貌**　结构紧凑，体躯宽短，背平。喙、肉瘤呈黑色。成年鹅自头部至颈背基部有一条由宽渐窄的鬃状黑色羽毛带，颈部两侧羽毛白色。胫、蹼呈黑色，公鹅肉瘤发达，向前突出。母鹅颈细，尾羽呈扇形。

乌鬃鹅（左为母，右为公）
（引自《中国禽类遗传资源》）

● **肉用性能**　成年公鹅平均体重3.2千克，母鹅2.7千克。70日龄公、母鹅平均体重2.5～2.7千克。

● **繁殖性能** 平均开产日龄140天左右，年产蛋数30～35个，平均蛋重147克。公、母配比为1 ：（8～10），受精率89.9%，孵化率93.7%。

二、中型鹅品种

浙 东 白 鹅

浙东白鹅主要产于浙江东部的象山、定海、奉化以及鄞县、绍兴等县(市)。

浙东白鹅（左为母，右为公）
（引自《中国禽类遗传资源》）

● **体型外貌** 体型中等偏大，体躯长方形，全身羽毛洁白。颈细长，喙、胫、蹼幼年时呈橘黄色，有肉瘤，无咽袋。成年公鹅体型高大雄伟，肉瘤高突，耸立头顶，鸣声洪亮。成年母鹅肉瘤较低，性情温顺，鸣声低沉，腹部宽大下垂。

● **肉用性能** 成年公鹅平均体重5.04千克，母鹅3.99千克。63日龄公、母鹅平均体重4.36千克。

● **繁殖性能** 母鹅一般在150～160日龄开产，年产蛋数28～40个，平均蛋重160克。公、母鹅配比为1：(8～10)，受精率80%以上，孵化率80%～90%。母鹅就巢性强。

四 川 白 鹅

四川白鹅产于四川省及重庆市。广泛分布于四川的成都、德阳、眉山、乐山、资阳、内江、达川及重庆市的永川、涪陵、万县等地。在肉鹅配套系的育种中，是良好的母本育种材料，与国内其他鹅品种具有良好的配合力和杂交优势。

● **体型外貌** 体型中等，全身羽毛洁白、紧密。喙、胫、蹼呈橘红色。成年公鹅体型稍大，头颈较粗，体躯较长，额部有一个呈半圆形的肉瘤。成年母鹅头清秀，颈细长，肉瘤不明显。

● **肉用性能**　成年公鹅平均体重4.0千克，母鹅3.5千克。70日龄公、母鹅平均体重3.3千克。

四川白鹅（左为母，右为公）
（引自《中国禽类遗传资源》）

● **繁殖性能**　平均开产日龄200～240天，年产蛋量60～80个，高的可达100～120个，平均蛋重146.3克。公、母鹅配比为1：（4～5），受精率88%～90%，受精蛋孵化率为90%～94%。母鹅一般无就巢性。

● **其他性能**　四川白鹅羽毛洁白，绒羽品质优良。利用种鹅休产期可拔毛两次，产毛绒157.4克。

皖西白鹅

皖西白鹅产于安徽西部丘陵山区及河南固始地区。

● **体型外貌**　体型中等，体态高昂，细致紧凑，全身羽毛白色。颈长，呈弓形，胸深广，背宽平，肉瘤呈橘黄色，圆而光滑、无皱褶。喙橘黄色，喙端色较淡。胫和蹼呈橘红色。公鹅肉瘤大而突出，颈粗长有力；母鹅颈较细短，腹部轻微下垂。

皖西白鹅（左为母，右为公）
（引自《中国禽类遗传资源》）

● **肉用性能**　成年公鹅体重6.12千克，母鹅5.56千克。60日龄公母鹅平均体重3.0～3.5千克。

● **繁殖性能**　开产日龄185～210天，年产蛋量22～25个，平均蛋重140～170克。公、母配比为1：（4～5），受精率85%～92%，受精蛋孵化率78%～86%。母鹅就巢性强，就巢率99%。

● **其他性能** 皖西白鹅的产绒性能极好，羽绒洁白，尤以绒毛的绒朵大而著名，平均每只产羽绒349克，其中纯绒40～50克。

雁 鹅

雁鹅原产于安徽省六安市，以安徽六安地区、江苏西南部地区较为集中。东北三省特别是黑龙江各地也有很大的数量。

雁鹅（左为母，右为公）
（引自《中国禽类遗传资源》）

● **体型外貌** 体型较大，羽毛灰褐色或深褐色。有黑色肉瘤，喙扁阔、黑色。胫、蹼呈橘黄色。公鹅体型较大，肉瘤突出。母鹅颈细长，肉瘤较小，有腹褶。

● **肉用性能** 成年公鹅平均体重6.02千克左右，母鹅4.7千克。在舍饲条件下，10周龄体重可达4～5千克。

● **繁殖性能** 开产日龄为240～270天，年产蛋22～25个，平均蛋重150克。公、母鹅配种比例为1 ∶5，种蛋受精率85%以上，受精蛋孵化率85%～90%。母鹅就巢性较强，一般年就巢2～3次。

溆 浦 鹅

溆浦鹅产于湖南省沅水支流的溆水两岸，分布遍及溆浦全县及怀化地区各县市。

● **体型外貌** 体型高大，呈船形。羽毛主要有白、灰两种颜色。灰鹅背、尾、颈部羽毛为灰褐色，腹部呈白色，胫和蹼呈橘红色，喙黑色。白鹅全身羽毛白色，喙、肉瘤、胫、蹼都呈橘黄色。公鹅头颈高昂，叫声清脆、洪亮，护群性强；母鹅体型稍小，性情温顺，觅食力强，产蛋期间后躯丰满，呈蛋圆形，腹部下垂，有腹褶。

● **肉用性能** 成年公鹅平均体重5.89千克，母鹅5.33千克。60日龄公、母鹅平均体重3.2千克。

● **繁殖性能**　平均开产日龄180～240天，年产蛋30个左右，平均蛋重212.5克。公、母鹅配比为1：(3～5)，种蛋受精率90%～91%，受精蛋孵化率98%～99%。母鹅就巢率98%～99%。

溆浦鹅（灰）（左为公，右为母）
（引自《中国家禽地方品种资源图谱》）

溆浦鹅（白）（左为公，右为母）
（引自《中国家禽地方品种资源图谱》）

● **其他性能**　具有良好的产肥肝性能，肥肝品质好。经填肥试验测定，体重5千克开始填饲2～4周，平均肥肝重达606克。

钢　鹅

钢鹅又名铁甲鹅，主产于四川省西南部凉山彝族自治州安宁河流域的河谷坝区。

● **外貌特征**　体型较大，颈呈弓形，体躯向前抬起，喙黑色。从鹅的头顶部起，沿颈的背面直到颈的基部，有一条由宽逐渐变窄的深褐色鬃状羽带。胫、蹼呈橘黄色，趾黑色。公鹅前额肉瘤比较发达，黑色质坚，前胸圆大。母鹅肉瘤扁平，腹部圆大，腹褶不明显。

● **肉用性能**　成年公鹅平均体重5千克，母鹅4.5千克。60日龄平均体重3.6千克。

● **繁殖性能**　一般180～200日龄开产，年平均产蛋量34.1～45.3个，平均蛋重157.3～189.0克。公、母配比为1：(3～4)，种蛋受精率83.7%，受精蛋孵化率85%～98%。钢鹅就巢性强。

群体饲养的钢鹅

天 府 肉 鹅

天府肉鹅是四川农业大学家禽育种试验场利用引进国外良种和地方良种为育种材料，经十个世代选育而成的肉鹅配套系。天府肉鹅配套系具有产蛋多，适应性和抗病力强，商品代肉鹅早期生长速度快等特点。除四川外，现已推广到安徽、广西、云南、上海、湖北、广东、江苏、贵州等省（自治区、直辖市）。

天府肉鹅父母代（左为公，右为母）

● **体型外貌** 母系母鹅体型中等，全身羽毛白色，喙呈橘黄色，头清秀，颈细长，肉瘤不太明显；父系公鹅体型中等偏大，额上无肉瘤，颈粗短，成年时全身羽毛洁白。

● **肉用性能** 父母代公鹅成年体重4.8～5.3千克，母鹅3.5～4千克。商品代70日龄平均体重3.7千克。

● **繁殖性能** 父母代母鹅开产日龄200～210天，舍饲初产年产蛋85～90个，蛋重141.3克，受精率88%以上。

● **其他性能** 父母代公鹅17周龄平均羽绒重40.1克，母鹅32.4克。

三、大型鹅品种

狮　头　鹅

狮头鹅原产于广东省饶平县溪楼村，主要产区在澄海县和汕头市郊。

● **体型外貌**　体躯呈方形，头大颈粗，全身背面、前胸羽毛及翼羽均为棕褐色。头部前额肉瘤发达，向前突出，覆盖于喙上。喙短，质坚实，黑色。颌下咽袋发达。胫粗蹼宽，胫、蹼均为橙红色，有黑斑。公鹅前额肉瘤极其发达。母鹅肉瘤相对较小。

狮头鹅（左为公，右为母）
（引自《中国禽类遗传资源》）

● **肉用性能**　成年公鹅平均体重可达8.8千克，母鹅7.8千克。70日龄平均体重公鹅6.4千克，母鹅5.8千克。

● **繁殖性能**　平均开产日龄235天，平均年产蛋量26～29个，平均蛋重212克。公、母鹅配比为1：（3～4），种蛋受精率85%，受精蛋孵化率88.2%。母鹅就巢性强，每产完一期蛋就巢一次。

● **其他性能**　肥肝平均重538克，最大肥肝重1 400克。狮头鹅属灰羽品种，羽绒质量不及白羽鹅，70日龄公鹅、母鹅烫煺毛产量平均为每只300克。

四、我国已引进的外国鹅种

朗　德　鹅

朗德鹅原产于法国西南部的朗德地区，是当今世界上最适于生产

鹅肥肝的鹅种。

● **体型外貌** 体型中等，羽毛灰褐色，在颈部接近黑色，而在胸腹部毛色较浅，呈银灰色。

● **肉用性能** 成年公鹅体重7～8千克，母鹅6～7千克。仔鹅生长快，8周龄活重可达4.5千克。在粗放的饲养条件下，6周龄体重达3.7千克以上，3～4月龄达6.5千克以上。

● **繁殖性能** 朗德鹅产蛋量低，母鹅年产蛋35～40个，蛋重180～200克。种蛋受精率不高，只有50%～60%。

● **其他性能** 每年可拔毛2次，可产羽绒350～450克。在适当的填饲条件下，肥肝重700～800克，但肥肝太软，容易破碎。

群体饲养的朗德鹅

莱 茵 鹅

德国莱茵鹅在20世纪40年代即以产蛋量高、繁殖力强而著称。该品种适应性强，食性广，能大量采食玉米、豆叶、花生叶。

● **体型外貌** 体型中等，全身羽毛洁白。雏鹅羽毛为灰白色，6周龄时全身羽毛变白色。喙、胫和蹼呈橘黄色。

● **肉用性能** 成年公鹅体重5～6千克，母鹅4.5～5千克。肉用仔鹅8周龄体重达4.2～4.3千克。

● **繁殖性能**　平均开产日龄210～240天，年产蛋量50～60个，蛋重150～190克。

● **其他性能**　生产肥肝性能中等，一般填饲条件下肥肝重350～400克。

群体饲养的莱茵鹅

3 第三章 鹅的选种和繁育技术

第一节 繁殖特点

● **季节性强** 鹅的繁殖具有很强的季节性，一般在气温偏高、日照时间长的6～8月进入休产期，某些大型鹅种的休产时间长达6个月。种鹅理想的留种时间是每年的12月至翌年2～3月。近年来，一些鹅场通过控制光照、温度等环境条件和调整留种时间及人工强制换羽等办法，成功地实现了种鹅的反季节繁殖。反季节繁殖种鹅理想的留种时间是每年的8～9月。

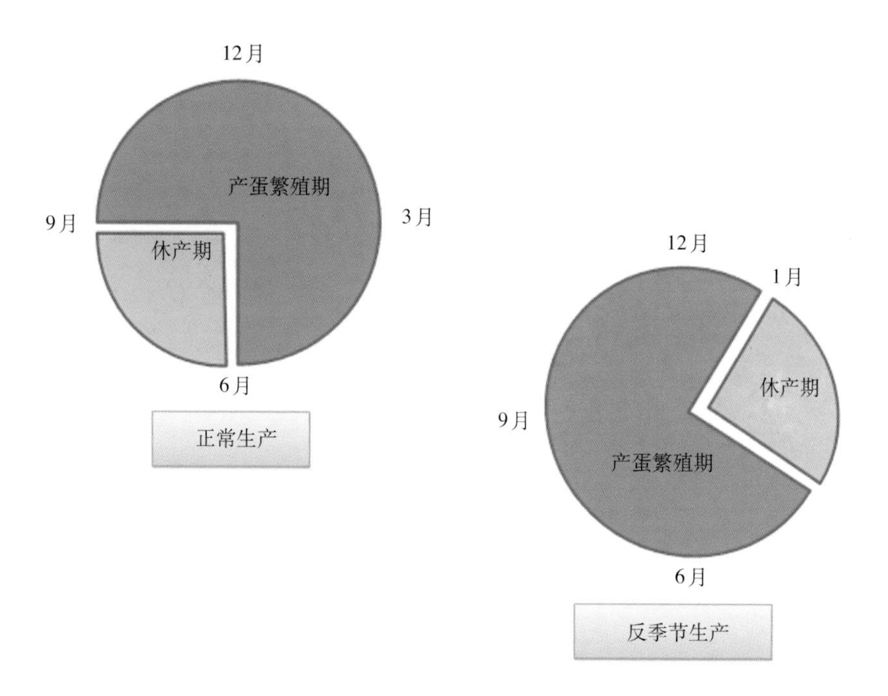

● **择偶性**　与其他家禽相比，鹅具有较强的择偶性，在某些品种中表现更为明显。因此，在小群饲养时要尽早组群，以提高受精率。

● **就巢性**　多数鹅品种具有就巢性，在一个繁殖周期内，每产一窝蛋（8～12个），就要停产抱窝。在集约化、规模化养殖过程中，要采取必要的醒抱措施，增加种鹅的产蛋量。

● **性成熟晚**　鹅的性成熟较其他家禽迟，一般中小型鹅种从出生到性成熟要7个月左右。同时由于不同鹅种体型大小差异较大，不同类型鹅种的性成熟期也出现了差异。

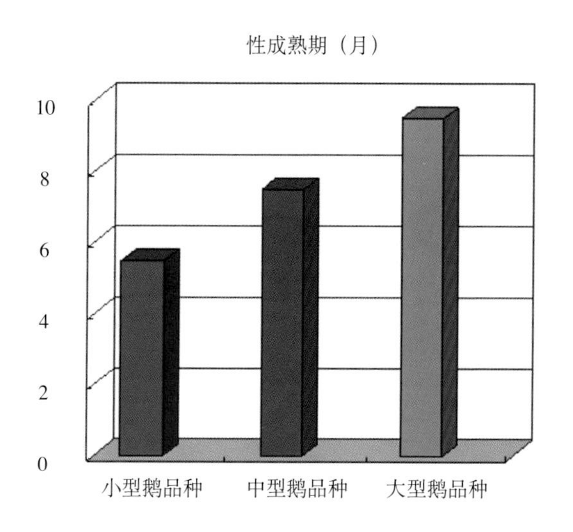

第二节 选 种

一、选种的时期

● **种蛋的选留**

➢ 选留时间　种蛋应在种鹅开产后4～5个月(即每年12月至翌年3月)选留。

➢ 选择重点　根据种鹅群的记录资料(系谱资料、生产成绩等)选留用于繁殖后代的种鹅群。

● **雏鹅的选择**

➢ 选择时间　一般在雏鹅出壳后1周内进行选择。

➢ 选择重点　根据雏鹅的体重、健康程度进行选择。

● **育成鹅的选择**

➢ 选择时间　一般在鹅育成期70～80日龄进行选择。

➢ 选择重点　根据羽毛颜色、生长发育速度、品种特征进行选择。

● **种鹅开产前的选择**

➢ 选择时间　一般在种鹅开产前进行选择。

➢ 选择重点　根据体重体尺、体型外貌、生殖器发育状况等进行选择。

二、种蛋的选留

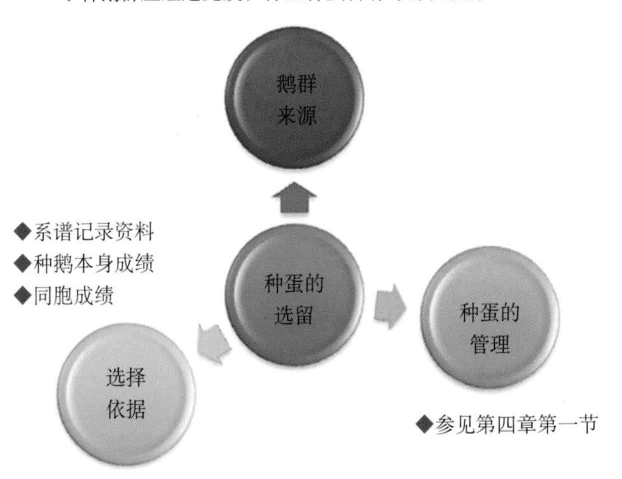

三、雏鹅的选择

● 雏鹅体重、绒毛颜色等符合品种的特征。

● 适合种用的雏鹅苗须体质健壮，体重头大，行动活泼，眼睛灵活有神，躯体长而宽，腹部柔软、有弹性，绒毛要粗、干燥、有光泽，叫声有力。

● 凡是绒毛太细、太稀、潮湿乃至相互黏着、无光泽的，表明发育不佳、体质差，不宜选用。

● 剔除瞎眼、歪头、跛腿、大肚脐的鹅，眼睛无神、行走不稳的雏鹅不宜选用。

四、育成鹅的选择

● 鹅外貌、羽色应符合本品种特征。

● 体重应符合本品种标准。

● 选择发育良好而匀称、体质健壮、骨骼结实、反应灵敏、活泼好动的鹅，及时淘汰羽色异常、偏头、垂翅、翻翅、歪尾、瘤腿和体重弱小等不合格的个体。

体型大，体质强，发育均匀，肥度适中

头中等大，眼灵活有神，颈粗而稍长，叫声洪亮

胸深而宽，背部宽长，腹部平整

胫粗壮有力，两胫间距离宽

70～80日龄育成鹅公鹅及外貌选择

体型适中，身长而圆，前躯较浅狭，后躯深而宽

羽毛紧凑、有光泽

头大小适中，眼睛灵活，颈细长

胫结实、强壮，两胫间距宽

70～80日龄育成鹅母鹅及外貌选择

五、开产前的选择

主要依据本品种特征，对开产前鹅的外貌特征、生长发育速度进行选择，有条件的鹅场还应该对鹅的体尺性状进行测定，并依此与本品种特点进行比较而选种。除此之外，还应该注意：

● **母鹅**　体躯各部位发育匀称，体型不粗大，头大小适中，眼睛明亮有神，颈细、中等长，体躯长而圆、前躯较浅窄、后躯宽而深，两脚健壮且间距较宽，羽毛光洁、紧密贴身，尾腹宽阔，尾平直。

● **公鹅**　体质健壮，身躯各部位发育匀称，肥瘦适中，头大脸宽，眼睛灵敏有神，喙长、钝且闭合有力，叫声洪亮，颈长且较粗，前躯宽阔、背宽而长、腹部平整，腿长短适中、强壮有力，两脚间距较宽。若是有肉瘤的品种，肉瘤必须发育良好而突出，呈现雄性特征。对公鹅的生殖器官发育效果进行检查，生殖器官发育不健全的公鹅不能留作种用。

种　鹅

健康公鹅生殖器官

第三节 配　　种

一、配种比例

公、母鹅比例要根据鹅的品种和产蛋季节而定。公鹅过多，不仅浪费饲料，还会相互争斗、争配，影响受精率。公鹅过少，受精效果也会受影响。

产蛋期适宜的公、母比例

类　型	公、母鹅比例
小型鹅种	1 ：（6～7）
中型鹅种	1 ：（4～5）
大型鹅种	1 ：（3～4）

二、配种方法

● 自然交配

大群交配

在一大群母鹅中，按公、母配比放入一定数量的公鹅进行配种。这种方法多在规模化鹅场种鹅群或鹅的繁殖场采用

小群配种

用一只公鹅按配比与几只母鹅组成小群进行配种。这种方法多在育种中采用

大群交配

小群配种

4 第四章　鹅蛋的孵化

鹅蛋的孵化方法包括自然孵化法、传统孵化法和机器孵化法三种，目前规模化养鹅生产中广泛采用机器孵化法。孵化的主要流程如下：

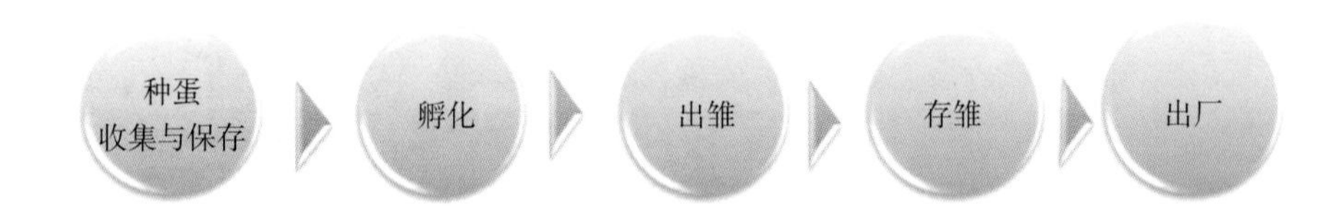

第一节　种蛋的管理

一、种蛋的收集

鹅产蛋时间较分散，如不及时收集种蛋，会导致破损蛋、脏蛋的比率增加。舍饲饲养的种鹅一般每天集蛋3次。

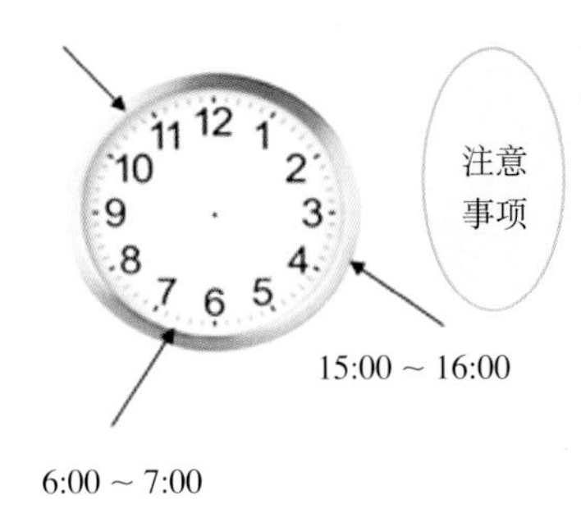

集蛋时间

- ◆种鹅开产前，及时安置好产蛋窝，以减少窝外蛋
- ◆种鹅开产后，训练其回窝产蛋的习惯，并结合抱性和产蛋规律，合理调节开关圈门和种蛋收集时间
- ◆保持舍内垫料干燥，减少脏蛋。若蛋上有粪污，可用干燥垫料轻蹭，切忌水洗
- ◆常到鹅舍巡视，捡回运动场的蛋，发现有鸣叫不安、行动迟缓的母鹅，经触摸后腹部发现有蛋，应及时送回产蛋窝

二、种蛋的选择

种蛋的质量制约着孵化率的高低，同时也关系到雏鹅的质量和成活率。因此，在养鹅生产中应对收集的鹅蛋进行严格的选择，合格的种蛋才能用于孵化。

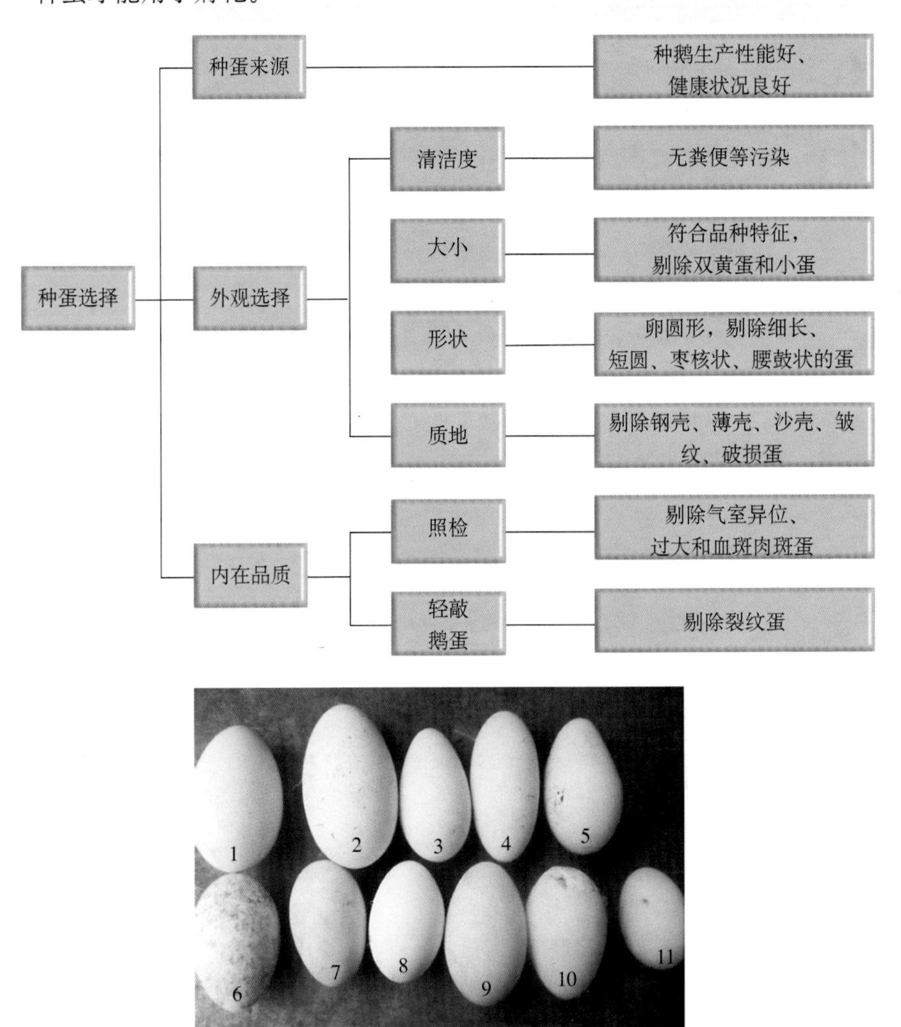

合格种蛋的鉴别

1.合格种蛋　2～11.不合格种蛋

三、种蛋的消毒

种蛋消毒主要包括入库种蛋消毒、入孵种蛋消毒和移盘后消毒三个环节，消毒方法如下：

种类	操 作 方 法	适用范围
福尔马林熏蒸	种蛋入库时，每立方米空间用福尔马林液42毫升，高锰酸钾21克；种蛋入孵时，每立方米空间用福尔马林液28毫升，高锰酸钾14克；落盘时，用量再减半。消毒前最好将室内温度调节到25～27℃，相对湿度调节到75%～80%。把称好的高锰酸钾预先放在陶瓷或玻璃容器内（其大小为福尔马林液用量的10倍以上），将容器放在室内中央，然后按用量加入福尔马林液，随后关闭门窗，密闭熏蒸20～30分钟即可。消毒完毕后打开门窗，排出气体	入库种蛋消毒、入孵种蛋消毒、移盘后消毒
新洁尔灭消毒	取5%的新洁尔灭原液加50倍40℃温水配成0.1%的溶液，用该溶液喷洒或浸泡种蛋，当蛋表面药液干后即可入孵	
高锰酸钾消毒	将高锰酸钾配成0.01%～0.05%的水溶液（溶液呈紫红色），置入盆内，水温保持在40℃左右。然后将种蛋放入盆中浸泡3分钟，并洗去蛋壳上的污物，取出晾干后可入孵	入库种蛋消毒、入孵种蛋消毒
二氧化氯消毒	配制0.1%的二氧化氯溶液装入喷雾器，直接喷洒在种蛋表面消毒，也可以浸泡种蛋（溶液温度保持在40℃左右）以达到消毒目的，药液晾干后入孵	

四、种蛋的保存

鹅的产蛋量较低，种蛋只有收集到一定量才能入孵，所以妥善保存种蛋是保证孵化率的基础。

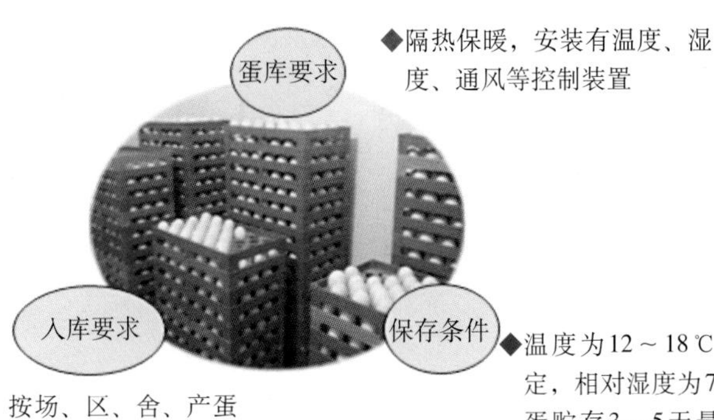

五、种蛋的包装和运输

目前生产中常用的种蛋包装工具为塑料蛋托和适于飞机运输的专用纸箱。运输箱上应标明“种蛋”“品种/系别”“勿倒置”“防雨”“防震”“防压”等，运输过程中要求运输平稳，冬季保温，夏季避免受热，防止日晒雨淋。到达目的地后，尽快开箱检查，剔除破蛋，尽快入孵。

第二节　适宜的孵化条件

一、温度

温度是影响孵化的重要因素，它决定胚胎生长和发育。一般鹅胚胎要求适宜温度范围是37～39℃，原则为孵化期间前高、中平、后低。机器孵化时根据种蛋来源情况可分为恒温孵化和变温孵化。

● **恒温孵化**　孵化机内一般有3～4批种蛋，孵化时不同胚龄的蛋应交错放置，解决同一温度下不同胚龄蛋之间的温度高低矛盾。

胚　龄	孵化室内温度（℃）	孵化机内温度（℃）
1～28天	23.9～29.4	37.8
出雏	29.4以上	37.5

孵化29天大部分啄壳时，转入出雏机，温度控制在36.5～37℃。

● **变温孵化** 种蛋来源充足时，可选用变温孵化法，并根据不同胚龄胚胎发育情况施温。

品 种	孵化室温度（℃）	孵化机内温度（℃）				适宜季节
		1～9天	10～16天	17～22天	22天～出壳	
中、小型鹅种	23.9～29	38.1	37.8	37.5	37.2	冬季、早春
		38.1	37.5	37.2	36.9	春季、秋季
	29以上	37.8	37.4	37.0	36.7	夏季
大型鹅种	23.9～29.4	37.8	37.5	37.2	36.9	春季、秋季、冬季
	29.4以上	37.8	37.4	37.0	36.7	夏季

二、湿度

孵化期间相对湿度控制见下表：

● **变温孵化湿度要求**

孵化天数	相对湿度
1～9	60%～65%
10～26	50%～55%
27～31	65%～70%

● **恒温孵化湿度要求**

孵化阶段	相对湿度
孵化期	50%～60%
出雏期	65%～70%

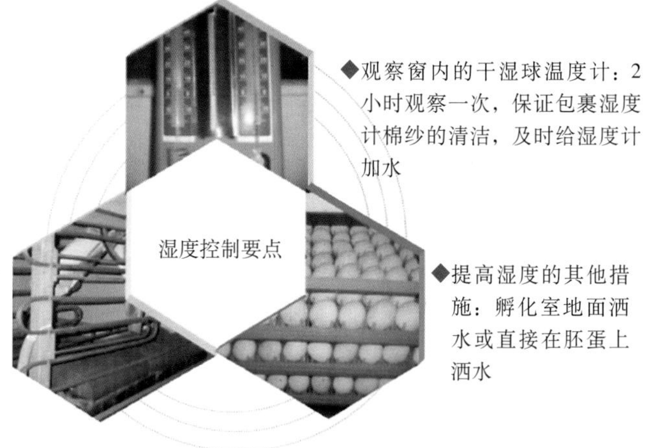

三、通风换气

通风换气的主要目的是维持孵化机内温度均匀，提供氧气，保证胚胎正常发育。孵化前期可以不开或少开通气孔，随着胚胎日龄的增加再逐步加大或全部打开通气孔。

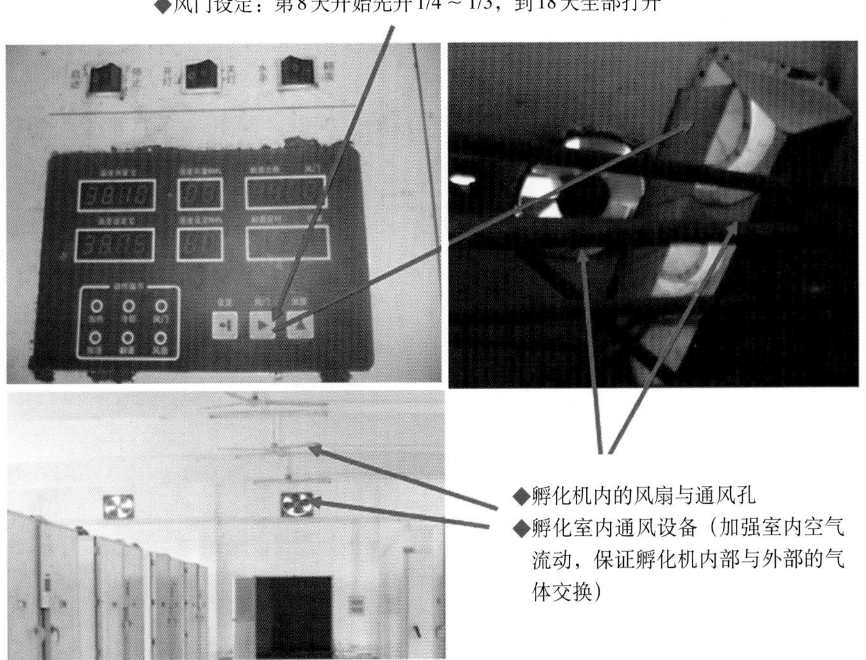

四、翻蛋

翻蛋的目的是防止胚胎与蛋壳粘连，使胚胎各部分均匀受热，促进胚胎运动。

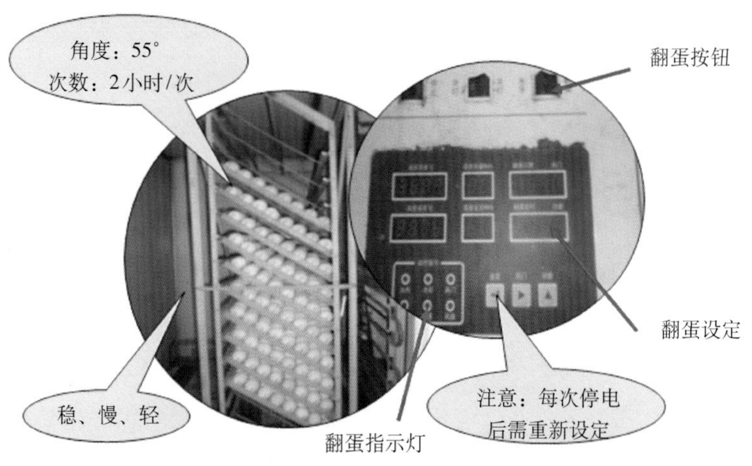

五、凉蛋

鹅蛋孵化前期一般不凉蛋，一般第16天开始凉蛋，主要采取机外凉蛋，每天凉蛋1～2次，每次30～40分钟，少则15～20分钟，凉蛋次数和每天凉蛋时间根据季节、室温和胚胎发育程度而定。

第三节　孵化管理

一、孵化前准备

● **制订孵化计划**　孵化前，根据孵化与出雏能力、种蛋数量以及雏鹅销售等具体情况，制订适宜孵化计划。可考虑每隔3天、5天、7天入孵一批。以16:00入孵为好，这样大批出雏的时间在白天，便于后续工作。

● **准备孵化用品**　孵化前需要准备照蛋器、干湿球温度计、消毒药品、记录表格和易损坏的电器原件、发电机等。

● **试机**　入孵前对孵化器仪表进行校正，检验各机件性能。检查包括电热装置、风扇、电动机、控制调节系统、机器的密闭性能、温度计等。检查完毕后即可试机，观察有无异常情况，然后调试好孵化机的温度，待温度稳定后方可入孵。

● **孵化器具消毒**　对孵化机、出雏机等其他孵化用具进行清洗和消毒。

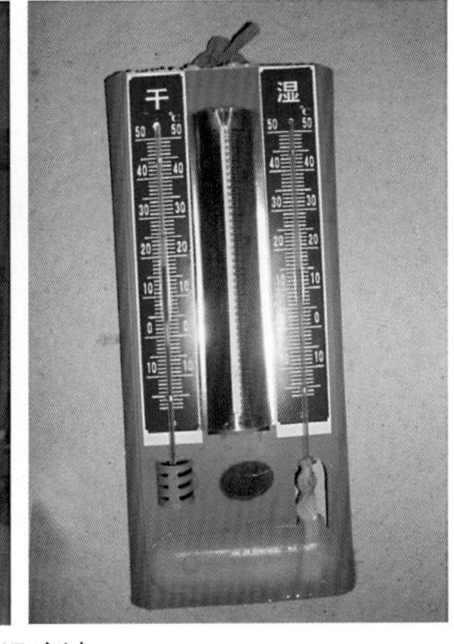

发电机组和干湿球温度计

将清洗后的孵化机和孵化盘进行消毒

二、入孵

● **种蛋预热** 冬季和早春气温较低时，若将冷蛋直接放入孵化器内，会导致蛋面凝结水汽，影响孵化效果。应将种蛋放在21～24℃下预热5～7小时后再入孵。

● **码盘入孵**

码盘时再次剔除不合格种蛋

鹅蛋平放，不同批次共同孵化时需标明品种、批次、入孵数、入孵时间

孵化蛋车安放正确

● **种蛋消毒** 消毒方法见第一节种蛋的管理。

● **孵化机日常管理** 入孵后主要观察孵化器内温度变化，调节器的灵敏程度。每2～3小时记温一次，发现温度升高或降低，应及时调节。定时加温水，以保持相对适宜的湿度。

三、照蛋

照 蛋	孵化天数	胚胎发育特征	作 用
头照	7～8	黑眼	观测胚胎发育是否正常，剔除无精蛋、死精蛋
二照（抽检）	15～16	合拢	抽查孵化器中不同点的胚胎发育情况
三照	28	闪毛	作为掌握移盘时间和控制出雏环境的参考，挑出死胚蛋

四、出雏

移盘（落盘）

根据三照判断种蛋发育情况，及时开展移盘工作。

◆大部分鹅胚啄壳时移盘
◆提前12小时开出雏机升温
◆设定好适宜出雏的温、湿度
◆移盘动作标准，做到轻、稳、快
◆最上层出雏盘应加铁丝网罩，防止出壳雏鹅蹿出

将出雏盘盖在孵化盘上，孵化盘紧贴于出雏盘底部，翻转出雏盘，完成移盘

直接将孵化盘中的种蛋移入出雏盘

移盘后的种蛋转入出雏机出雏

捡雏与助产

◆出雏期间，每4～6小时捡雏一次，或每出雏3～4成时捡雏一次。动作轻、快；同时捡出蛋壳
◆出雏期间，机门打开次数不宜过多，同时关闭机内照明灯
◆捡出的雏鹅应及时放入育雏室，或采取适当的保温措施
◆出雏后期，对已啄壳但无力破壳的实施人工助产

人工助产：轻轻剥离其粘连处，把头、颈、翅拉出壳外，令其自行挣扎出壳。蛋壳膜湿润发白的胚蛋可实行人工助产。脐部未愈合的雏鹅，不能助产

清洗消毒

出雏完毕，对孵化室、孵化机、出雏机及相关用具进行彻底清洗和消毒。

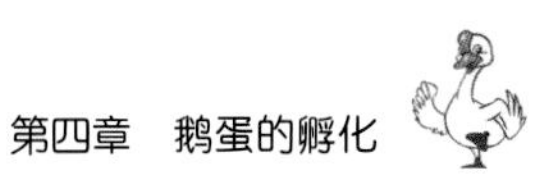

清洗孵化使用过的器具

第四节　孵化效果的检查

● **胚胎发育情况检查**　根据照蛋结果判断胚胎发育情况，并对后期孵化条件做相应改进。

➢ **头照**　一般在胚蛋孵化第7天进行，主要观察有无明显黑眼点以及血管生成和分布情况。

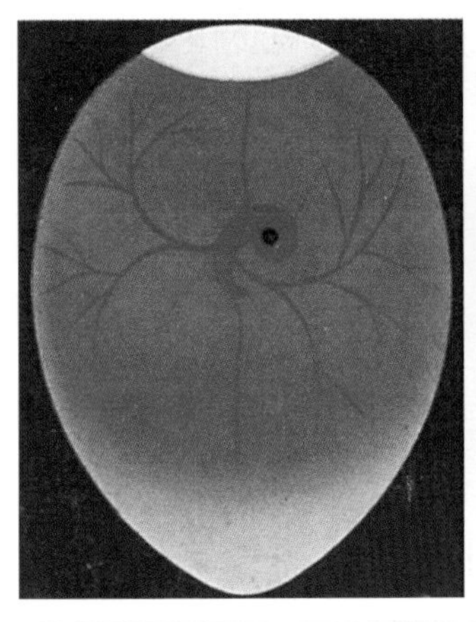

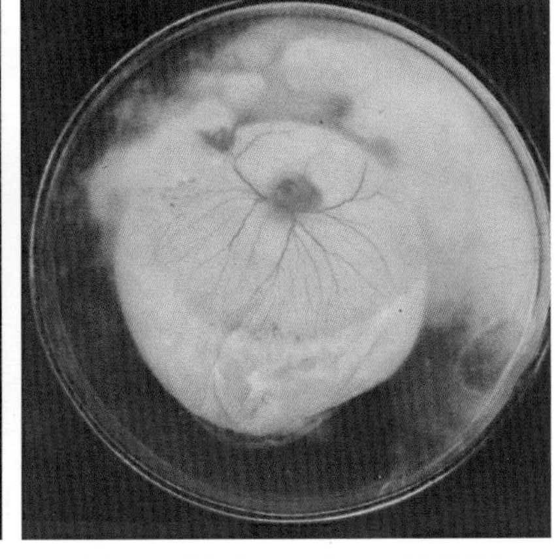

◆正常胚蛋可明显看到黑色眼点，血管呈放射状且清晰，蛋色暗红。

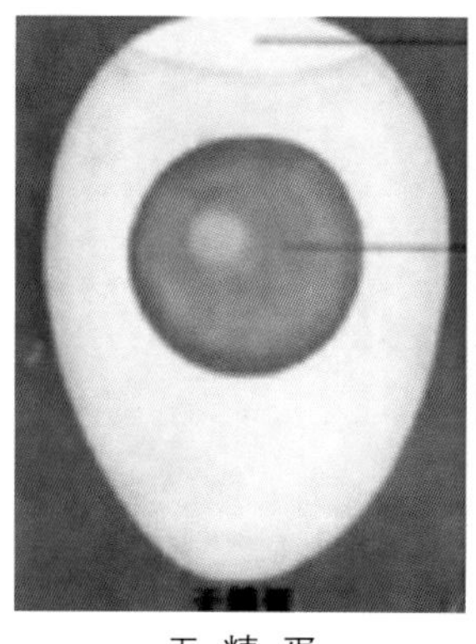
无 精 蛋

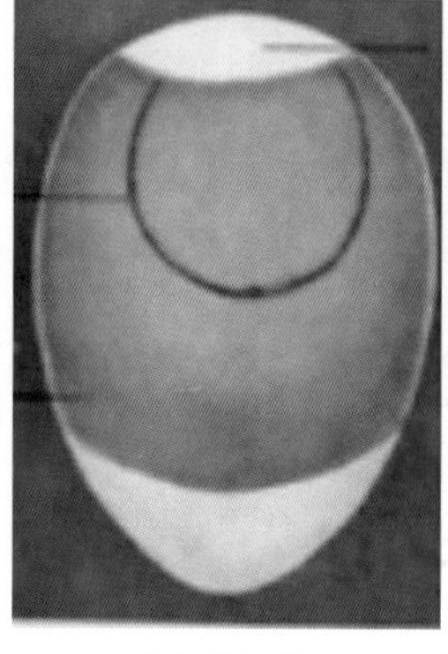
死 胚 蛋

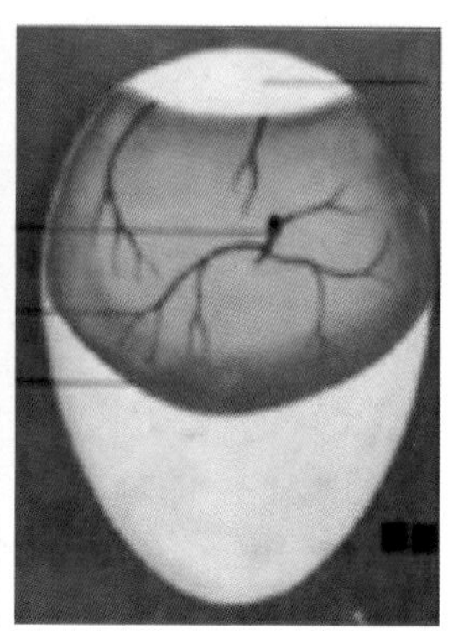
弱 胚 蛋

◆无精蛋：蛋内浅黄发亮，看不到血管和胚胎，气室不明显，蛋黄影子隐约可见。

◆死胚蛋：头照可见黑色血环贴于蛋壳膜，有时可见死胚的黑点静止不动。

◆弱胚蛋：胚体小，血管纤细模糊，看不到黑眼点，仅看到气室下缘有一定数量的纤细血管。

➢ 二照（抽检） 一般在孵化第15～16天进行。

◆正常胚：尿囊绒毛膜合拢，除气室外布满血管。

◆弱胚：小头未合拢，呈淡白色。

◆死胚蛋：气室显著增大，边界模糊，蛋内无血管分布，中央有死胚团块，随转蛋而浮动。

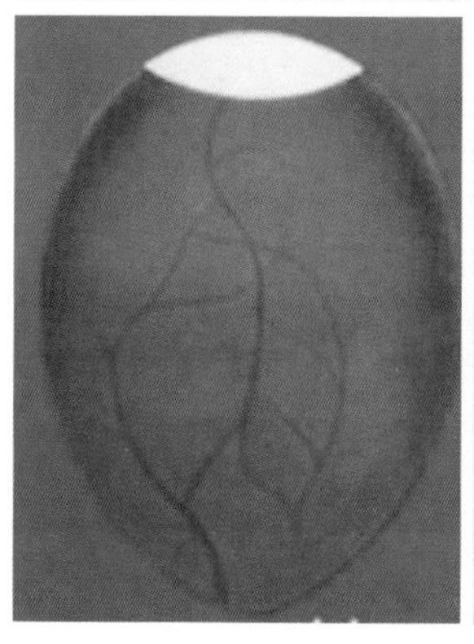
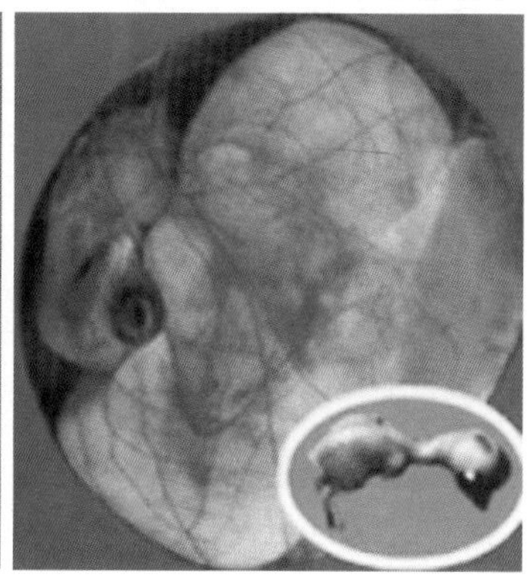
正常胚蛋

➢ 三照　鹅蛋孵化至第27～28天进行第三次照蛋，主要观察气室和有无闪毛现象。

◆正常蛋：气室向一侧倾斜，有黑影闪动，胚胎暗黑。

◆弱胚：气室比正常胚蛋小，且边缘不齐，可看到红色血管，胚蛋小头浅白发亮。

◆死胎：气室小且不倾斜，边缘模糊，胚胎不动。

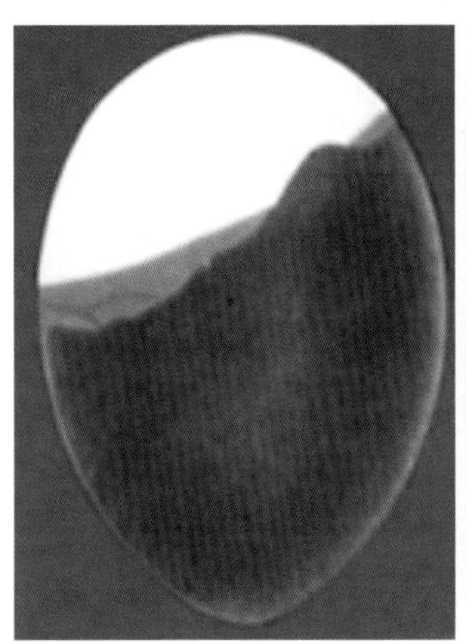
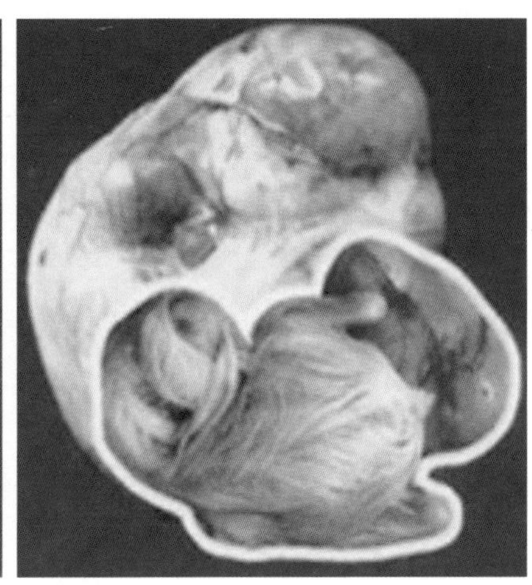

正常胚蛋

● **孵化期间失重情况检查**　随着胚龄的增加，由于水分的蒸发，蛋白、蛋黄营养物质的消耗，胚蛋的重量会按照一定比例减轻，通常孵化第5天胚蛋减重1.5%～2%，第10天减重11%～12.5%，出壳时雏鹅的重量为蛋重的62%～65%。在孵化过程中可以抽样称重测定，根据气室大小的变化和后期胚胎的形态，了解和判断相对湿度是否适宜。

● **出雏检查**　主要观察绒毛色泽、整洁度和长短，脐部愈合及蛋黄吸收情况，精神状态和体型等。

● **死胚剖检**　先观察啄壳情况，打开胚蛋，确定死亡时间及胎位是否正常；观察皮肤、绒毛生长、内脏、腹腔、卵黄囊、尿囊等异常情况，初步判断死亡原因。

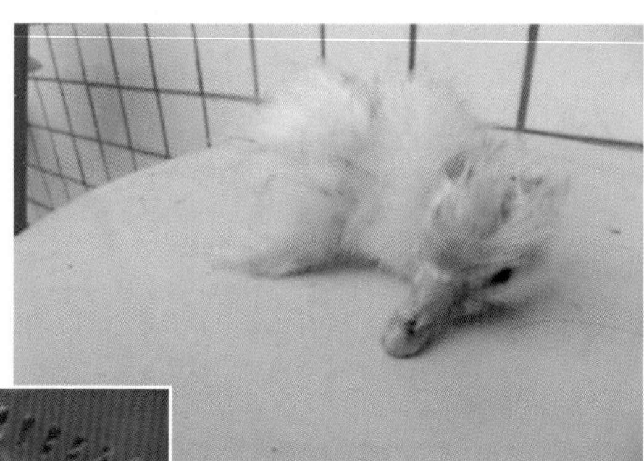

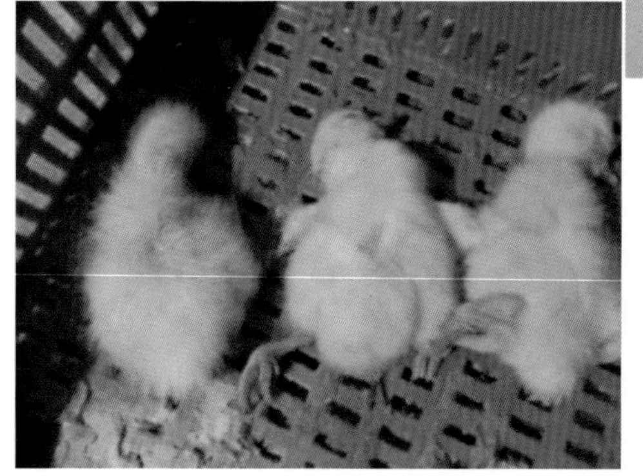

5 第五章 肉鹅的营养与饲料

第一节 鹅的营养需要

鹅的养殖包括肉用仔鹅和种鹅的养殖。生产上肉用仔鹅的养殖一般划分为三个阶段，即育雏期、生长期和肥育期。生产中根据肉鹅的实际情况加以调整。规模养殖场可以根据场内鹅种特点、营养参数来选购或生产满足需求的饲料。

● 肉鹅不同生长阶段营养需要

营养成分	雏鹅阶段（0～6周龄）	生长阶段（6周龄以后）
代谢能（兆焦/千克）	11.72～12.13	11.72～12.13
粗蛋白质（%）	20～22	15～18
粗纤维（%）	5	6
赖氨酸（%）	0.9～1.0	0.6～0.8
蛋氨酸（%）	0.32～0.50	0.21～0.45
蛋氨酸+胱氨酸（%）	0.75	0.6
色氨酸（%）	0.17～0.22	0.11～0.16
钙（%）	0.8	0.6
磷（%）	0.6	0.4
钠（%）	0.35	0.35
锌(毫克/千克)	40	35
铁(毫克/千克)	80	40
镁(毫克/千克)	600	100
锰(毫克/千克)	55	25
硒(毫克/千克)	0.1	0.1

（续）

营养成分	雏鹅阶段（0～6周龄）	生长阶段（6周龄以后）
铜(毫克/千克)	4	3
碘(毫克/千克)	0.35	0.35
维生素A(国际单位/千克)	1 500	1 500
维生素D_3(国际单位/千克)	200	200
维生素E(国际单位/千克)	10	5
维生素K(毫克/千克)	0.5	0.5
维生素B_1(毫克/千克)	1.8	1.8
维生素B_2(毫克/千克)	3.6	1.8
维生素B_6(毫克/千克)	3	3
泛酸(毫克/千克)	15	10
烟酸(毫克/千克)	55	35
维生素B_{12}(毫克/千克)	0.009	0.003
生物素(毫克/千克)	0.15	0.1
胆碱(毫克/千克)	1300	500

种鹅产蛋期营养需要

营养成分	产蛋期
代谢能（兆焦/千克）	10.88～11.51
粗蛋白质（%）	15～16
粗纤维（%）	8～10
赖氨酸（%）	0.8

（续）

营养成分	产蛋期
蛋氨酸（%）	0.35
蛋氨酸+胱氨酸（%）	0.63
钙（%）	3.2～3.5
磷（%）	0.65
钠（%）	0.50

第二节　饲粮配制

一、配合饲料类型及特点

配合饲料是指按动物的不同生长阶段、不同生理要求、不同生产用途的营养需要和饲料的营养价值，把多种单一饲料依一定比例并按规定的工艺流程均匀混合而生产出的营养价值全面、能满足动物各种实际需求的饲料，有时也称全价饲料。

配合饲料种类	特　点
全价配合饲料	养分：种类齐全、比例平衡 可直接饲喂
混合饲料	养分：种类较齐全、比例较平衡 可直接饲喂，但效果不佳 全价程度取决于配方的设计水平
浓缩饲料	主要由蛋白质饲料、常量矿物质饲料和添加预混合饲料构成 不可直接饲喂 一般占全价饲料的20%～40%
预混合饲料	由一种或多种的添加剂原料与载体或稀释剂搅拌均匀的混合物 有利于微量的原料均匀分散于大量的配合饲料中 不能直接饲喂动物

二、饲粮配制

● 饲粮配制原则

◆考虑经济效益，注意平衡饲料原料、营养参数、加工流程以及劳动力等因素，降低成本

◆产品的目标是市场，应明确产品是否适合肉鹅的生长需求

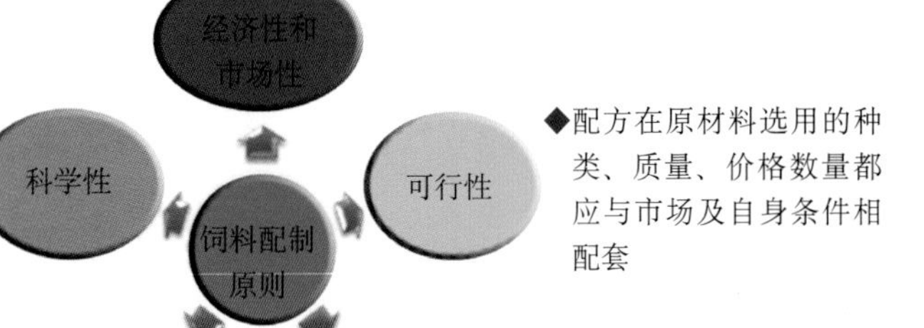

◆要依据饲养指标所规定的营养物质需求量进行设计，并根据实际情况作出适当的调整

◆注意饲料的品质、体积和适口性

◆配方在原材料选用的种类、质量、价格数量都应与市场及自身条件相配套

◆要严格符合国家法律法规及条例，尤其是违禁药物及对动物和人体有害的物质的含量要严格遵守规定

◆提高微量养分在全价饲料中的均匀度

◆如混合不均匀可能造成生产性能不良、整齐度差、饲料转化率低，甚至死亡

三、典型饲料配方

● 雏鹅饲料配方

原料	含量（%）	原料	含量（%）
玉　米	57	次　粉	5
豆　粕	16	磷酸氢钙	1.8
统　糠	7	石　粉	1.2
玉米酒糟	4	添加剂	1.7
玉米蛋白粉	6	食　盐	0.3

生长期肉鹅饲料配方

原料	含量（%）	原料	含量（%）
玉米	20	小麦麸	24
豆粕	6	磷酸氢钙	1.3
米糠	20	石粉	1.3
玉米酒糟	10	添加剂	1.1
统糠	16	食盐	0.3

育肥期肉鹅饲料配方

原料	含量（%）	原料	含量（%）
玉米	45	小麦麸	12
豆粕	8	磷酸氢钙	1.0
米糠	12	石粉	1.6
玉米酒糟	8	添加剂	1.1
统糠	6	食盐	0.3
棉籽粕	5		

产蛋鹅的饲料配方

原料	含量（%）	原料	含量（%）
玉米	60	石粉	7.5
豆粕	20	添加剂	1.1
菜籽粕	3	食盐	0.35
玉米酒糟	5	其他	1.55
磷酸氢钙	1.5		

四、饲料选购与储存

● 饲料选购

◆购买饲料时注意查看标签，警惕购买到劣质、假冒饲料

◆不要购买变质、腐烂的饲料

选择正规饲料

饲料选购

◆根据鹅的生长阶段、营养需求选择相应的饲料

◆根据当地饲料原料、条件等选择合适的饲料

选择适合的饲料

◆考虑价格，但不能只看饲料价格，不是越便宜越好，注意饲料价格与鹅所需营养的平衡

平衡饲料成本与生产效益

● 饲料储存

饲料储存

◆饲料成品应储存在干燥、通风处

◆成品与地面之间应该有木垫或铁垫，离地约20厘米

◆成品堆放应整齐，标识明确

◆定期查看饲料成品是否储存妥当

6 第六章　饲养管理技术规范

鹅不同时期饲养管理的重点有所不同，应该把握不同饲养阶段鹅的生理特点，以提高生产效率。

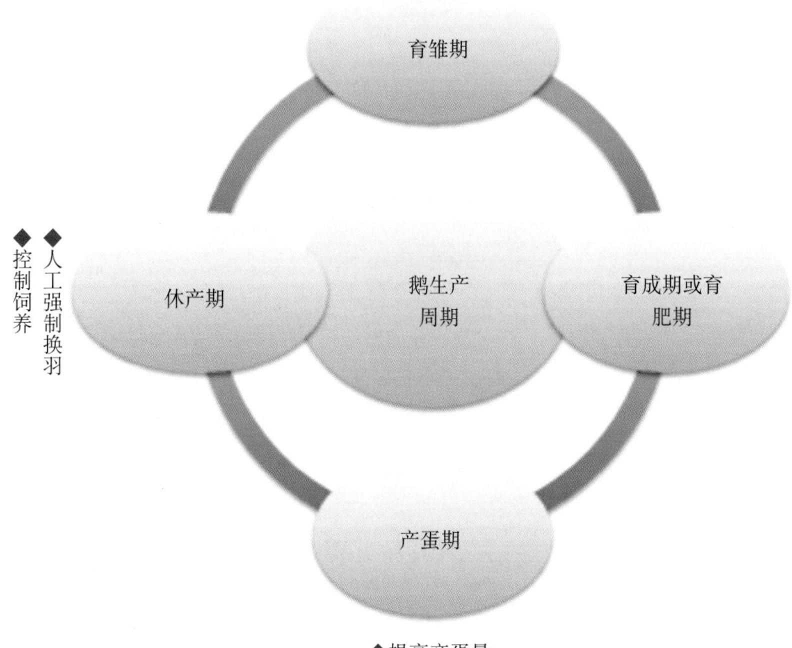

第一节 雏鹅的饲养管理

一、初生雏鹅的分群

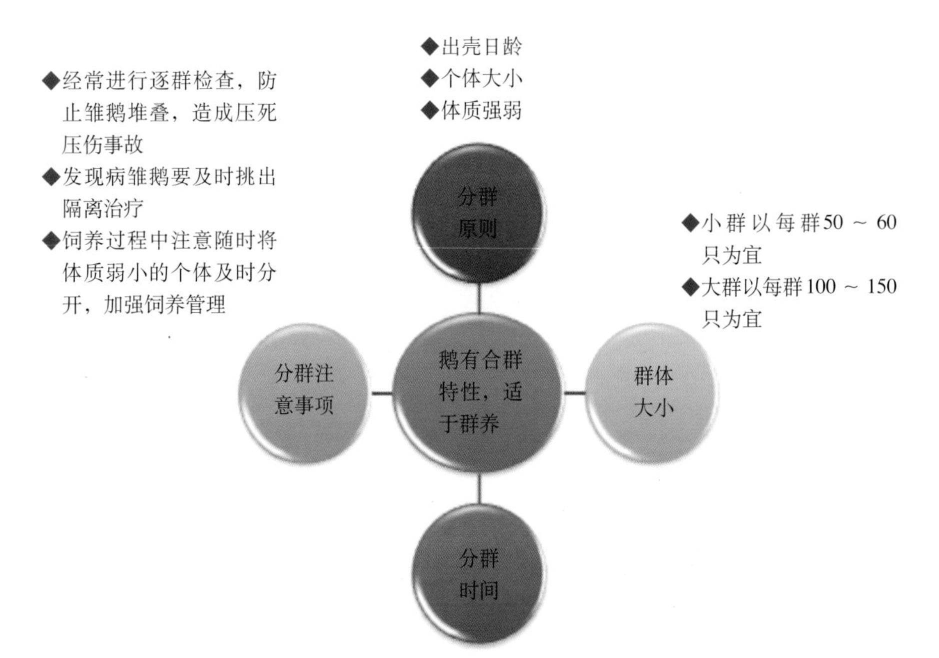

二、雏鹅的性别鉴定

雏鹅性别鉴定主要有翻肛法、捏肛法和顶肛法。

翻肛法操作过程见下图：

◆将雏鹅握于左手掌中
◆用左手的中指和无名指夹住颈口，使其腹部向上
◆用左手拇指轻轻压住泄殖腔的前缘，食指将尾根向后翻
◆然后用右手的拇指和食指放在泄殖腔两侧，用力轻轻翻开泄殖腔

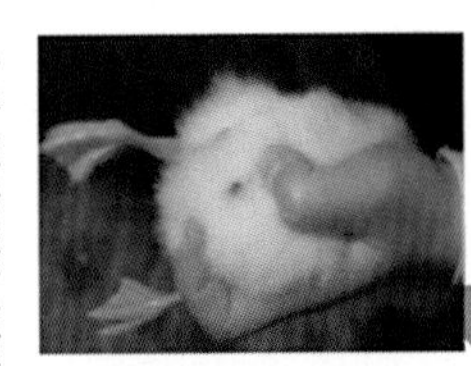

握雏鹅的手势

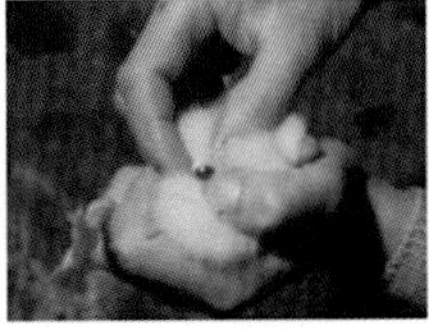

公雏

在泄殖腔口见有螺旋形的突起（阴茎的雏形）即为公鹅

母雏

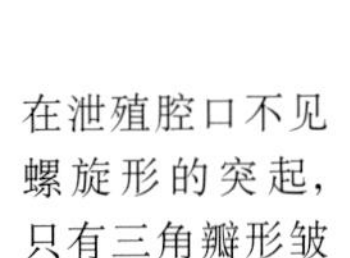

在泄殖腔口不见螺旋形的突起，只有三角瓣形皱褶，即为母鹅

三、雏鹅的运输

雏鹅运输的关键：做好保温、通风，防止顾此失彼。

起运时间

◆初生雏鹅毛干并能站稳后即可起运

运输注意事项

◆长途运输时应采用经消毒的专用工具，途中应经常检查雏鹅动态，及时采取措施以调节温度，避免曝晒、雨淋等
◆运输途中不能喂食。如果长时间运输，应让雏鹅饮用加入多维(每千克水加入1克）的水，以免雏鹅脱水而影响成活率
◆雏鹅运到后，让其充分饮水后，再开食

雏鹅运输

运输工具

◆运输车、运输筐、绳子等

运输筐

四、雏鹅的培育条件

（一）培育方式

雏鹅的培育主要采用地面育雏，也可采用网上育雏。

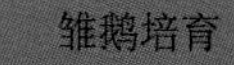

地面育雏

◆将雏鹅饲养在铺有垫料的地面

◆保温形式多用煤气热源，电热保温伞，红外线灯泡

网上育雏

◆将雏鹅饲养在离地面50 ～ 60厘米高的铁丝网上

◆保温形式可用电热保温伞或红外线灯泡

（二）育雏条件

● 温度

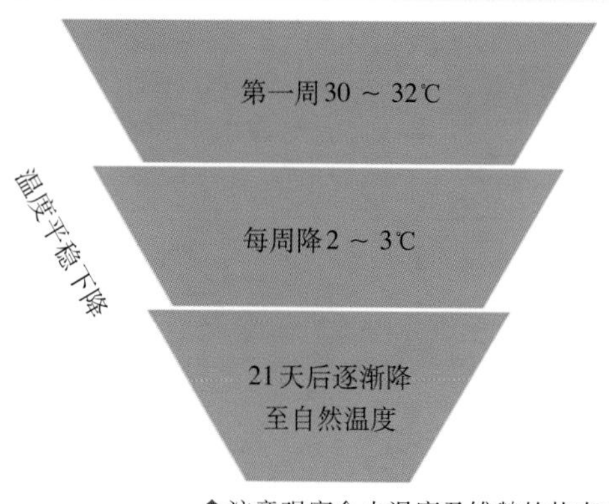

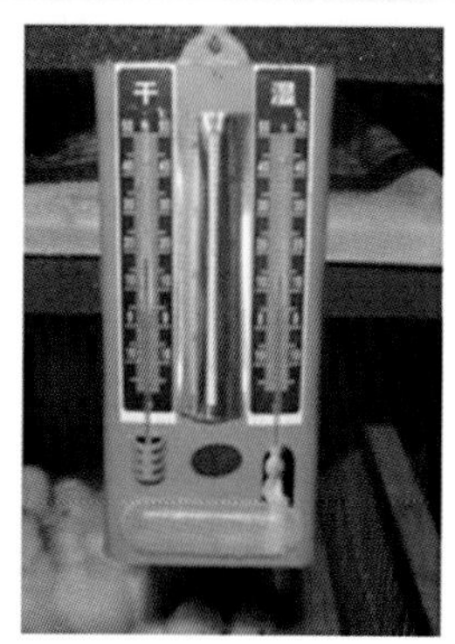

◆注意观察舍内温度及雏鹅的状态变化，及时调整温度

◆保证舍内各处温差及昼夜温差不超过1℃

除查看温度计外，还需要根据雏鹅的活动状态和采食状况来判断温度是否适宜，并及时调整，尤其要避免雏鹅扎堆的情况出现，否则会有较弱的雏鹅窒息而亡。

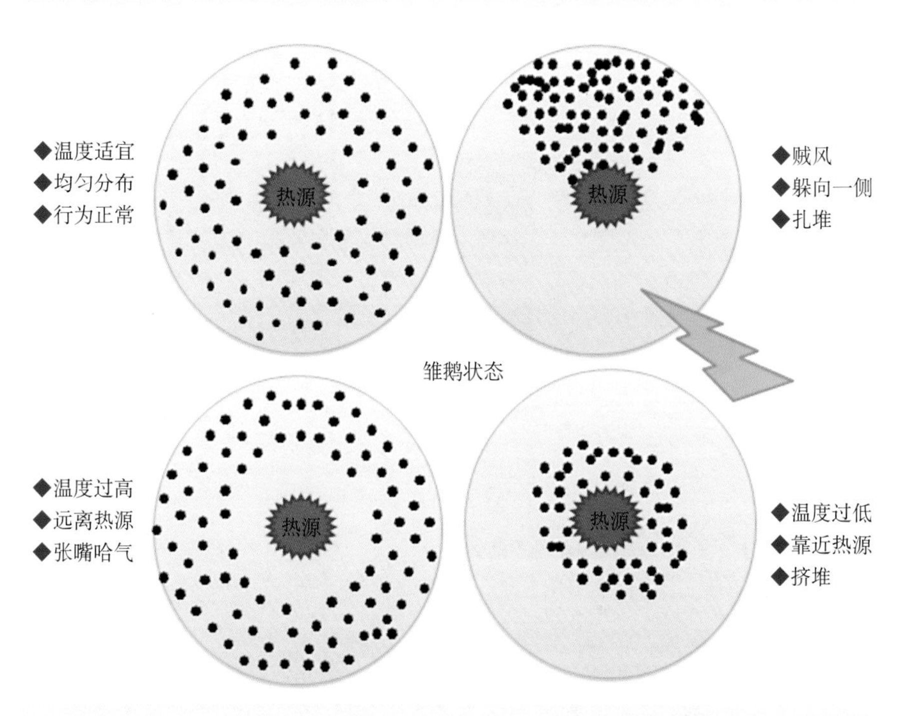

● **湿度**　湿度同样对雏鹅的健康和生长发育有很大的影响，而且与温度共同起作用。在育雏前期一般控制在60%～65%，后期一般在65%～70%。

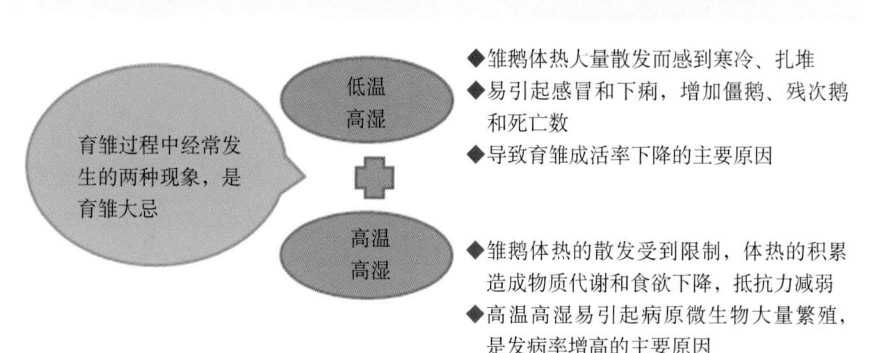

● **通风换气** 雏鹅生长发育较快，新陈代谢旺盛，排出大量的二氧化碳和水蒸气，加之粪便中分解出的氨，使室内空气污浊，影响雏鹅的生长发育。因此，育雏室必须经常通风换气，保持室内空气新鲜。生产上往往通过门、窗、顶棚通风孔的开关和打开大小来完成舍内通风换气的调节。

◆通常通过调节门窗的开关宽度来控制通风量

◆如果采用烟道加热的育雏舍，应将烟引出

◆通风换气时，不能让进入室内的风直接吹到雏鹅身上，防止受凉而引起感冒

◆舍内空气不刺鼻和眼

● **饲养密度** 在育雏期间，雏鹅生长发育较快，要随日龄的增加，对密度进行不断的调整，保持适宜的密度，保证雏鹅正常生长发育。

类 型	1周龄（只/米2）	2周龄（只/米2）	3周龄（只/米2）	4周龄（只/米2）
中、小型鹅种	15～20	10～15	6～10	5～6
大型鹅种	12～15	8～10	5～8	4～5

● **光照制度** 光照不仅与生长速度有关，也影响仔鹅性腺发育。

光照时间

◆前1 ～ 2周采用24小时光照
◆第3 ～ 4周开始逐渐减少光照至自然光照
◆为避免雏鹅发生应激，光照时间要平稳递减

五、雏鹅的饲养管理

● **及早潮口，适时开食**　雏鹅出壳后12 ～ 24小时的第一次饮水俗称潮口，第一次吃料俗称开食。

雏鹅饮水

◆使用小型饮水器，盘中水深度不超过1厘米，以雏鹅绒毛不湿为原则
◆喂水太迟，会造成机体失水，出现干爪鹅，将严重影响雏鹅的生长发育

雏鹅开食

◆青料开食，青料要求新鲜、易消化、多汁，常用的是苦荬菜、莴苣叶、青菜等
◆颗粒开食，应将颗粒料磨碎，以便雏鹅采食
◆喂料量应做到少量勤添

● **饲喂方法和次数** 少喂多餐，少喂勤添，随吃随给，饲槽内要有余料，但不能过多，否则易酸败变质。

◆1周龄内，一般每天喂料6 ~ 9次

◆第2周时，每天喂料5 ~ 6次，其中夜里喂2次

◆喂料精料和青料分开，先喂精料后喂青料

● **尽早脱温下水**

◆一般4 ~ 5日龄后选择晴朗的天气让雏鹅下水

◆第一次下水的时间不宜过长，应防止湿毛的鹅淹死

◆雏鹅太晚下水必定湿毛，容易引起感冒

◆第一天重复3 ~ 5次下水过程，以后雏鹅下水基本上不会再有问题

第二节　肉用仔鹅的饲养管理

为了使仔鹅达到最快增重，在管理上应注意做好下列事项：

肉用仔鹅饲养管理

生长期的管理

◆以放牧为主，补饲为辅

◆充分利用放牧条件，加强锻炼，促进仔鹅快速生长

育肥期的管理

◆采用合理的育肥方法，在短期内迅速增加仔鹅体重

分群饲养、适时出栏

◆及时分群：分群时注意鹅群大小，可根据仔鹅的体况来分群

◆适时出栏：仔鹅一般长至70～80日龄时，就可达到上市体重，及时出栏

转群、收牧的管理

◆放牧鹅群大小适宜，调教鹅的出牧、归牧、下水、休息等行为

◆放牧总的原则是早出晚归

◆开始放牧时应选择牧草较嫩、离鹅舍较近的牧地

◆注意放牧时间、距离的控制，避免鹅群暴晒、雨淋

◆白天在牧地补饲精料，认真观察鹅的采食动态，及时发现病残鹅

◆收牧时要检查鹅群数量、体况，收牧后可根据白天采食情况适当补饲

育肥方法

放牧育肥：

- ◆传统的育肥方法，成本低
- ◆适于放牧条件较好的地方
- ◆需根据仔鹅放牧采食的情况加强补饲
- ◆需充分掌握当地农作物收割季节，提前制订好放牧计划

舍饲育肥：

- ◆饲养成本较放牧育肥高，生产效率较高，育肥的均匀度好
- ◆适于集约化批量饲养
- ◆主要依靠配合饲料达到育肥目的
- ◆每天喂料3 ～ 4次，供给充足的饮水
- ◆需限制鹅的活动，舍内光线应较暗，减少外界干扰

人工强制育肥：

- ◆可缩短育肥期，育肥效果好，但较麻烦
- ◆分手工填饲和机械填饲两种
- ◆填饲饲料为配合日粮或玉米，每天填饲3 ～ 5次

第三节　育成期的饲养管理

种鹅育雏结束到产蛋之前的生长阶段称为育成期。该阶段管理的好坏与种鹅开产日龄、产蛋高峰维持时间、产蛋量以及种蛋的受精率等密切相关。因此，需要对该阶段的鹅进行控制饲养。

育成鹅阶段划分

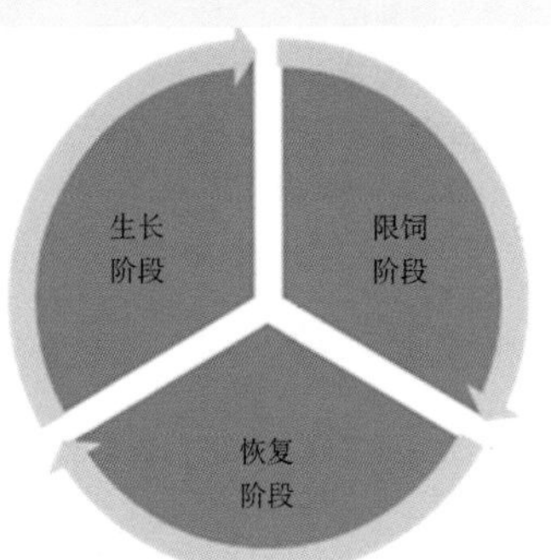

生长阶段：

- ◆生长阶段为70 ～ 120日龄
- ◆需要较多的营养物质，不宜过早进行粗放饲养
- ◆逐渐减少补饲的次数，降低补饲日粮的营养水平

限饲阶段：

- ◆限饲阶段为120日龄至开产前50天左右
- ◆注意观察鹅群的动态
- ◆选择适宜的放牧场地，注意防暑
- ◆结合体况和体重，来调节饲喂量

恢复阶段：

- ◆在开产前50天左右进入恢复饲养阶段
- ◆逐步提高日粮的营养水平，同时增加喂料量和饲喂次数
- ◆经过20天左右的饲养，种鹅的体重可恢复到限制饲养前的水平

限饲方法

◆逐渐减少饲喂量，每日的喂料次数由3次改为2次
◆延长放牧时间

减少补饲日粮的喂量，实行定量饲喂 ⟵ 限饲方法 ⟶ 控制饲料质量，降低日粮营养水平

◆此方法使用较多
◆逐渐降低饲料的营养水平
◆饲料中可添加较多的填充粗料，如米糠、曲酒糟等

天府肉鹅配套系父母代体重标准　　单位：克

周龄	母鹅			公鹅		
	+2%	标准	−2%	+2%	标准	−2%
7	1 691	1 725	1 760	2 891	2 950	3 009
8	1 945	1 985	2 025	3 121	3 185	3 249
9	2 161	2 205	2 249	3 283	3 350	3 417
10	2 352	2 400	2 448	3 401	3 470	3 539
11	2 499	2 550	2 601	3 528	3 600	3 672
12	2 597	2 650	2 703	3 597	3 670	3 743
13	2 734	2 790	2 846	3 695	3 770	3 845
14	2 832	2 890	2 948	3 773	3 850	3 927
15	2 930	2 990	3 050	3 851	3 930	4 009
16	2 989	3 050	3 111	3 930	4 010	4 090
17	3 067	3 130	3 193	4 008	4 090	4 172
18	3 136	3 200	3 264	4 067	4 150	4 233
19	3 185	3 250	3 315	4 145	4 230	4 315
20	3 244	3 310	3 376	4 204	4 290	4 376

（续）

周 龄	母 鹅			公 鹅		
	+2%	标准	-2%	+2%	标准	-2%
21	3 303	3 370	3 437	4 283	4 370	4 457
22	3 361	3 430	3 499	4 341	4 430	4 519
23	3 401	3 470	3 539	4 400	4 490	4 580
24	3 420	3 490	3 560	4 469	4 560	4 651
25	3 479	3 550	3 621	4 528	4 620	4 712
26	3 528	3 600	3 672	4 586	4 680	4 774
27	3 577	3 650	3 723	4 645	4 740	4 835
28	3 636	3 710	3 784	4 684	4 780	4 876
29	3 675	3 750	3 825	4 724	4 820	4 916
30	3 724	3 800	3 876	4 753	4 850	4 947

第四节　产蛋期的饲养管理

一、提高种鹅产蛋率的饲养管理要点

● 控制好开产时间

◆鹅1年一般只有1个繁殖季节，南方为10月至翌年5月，北方一般在3 ~ 7月
◆开产时间与育成期的光照、开产前饲料量的增加有关
◆开产前一般用4周的时间补饲，并逐步过渡到自由采食
◆育成期光照过量、开产前饲料量增加过度均会导致鹅过早产蛋和少产蛋

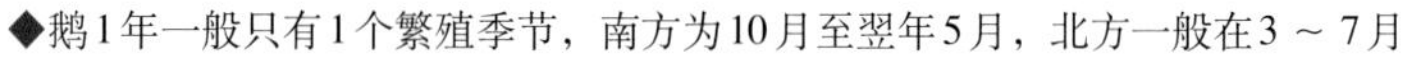

适当的光照

◆产蛋期每天16 ～ 17小时光照，每平方米25勒克斯的光照强度
◆开产前1个月补充光照，注意逐渐增加光照时间
◆注意不同品种不同季节所需光照不同

增加舍内光照设施（日光灯）

加强种鹅的饲养

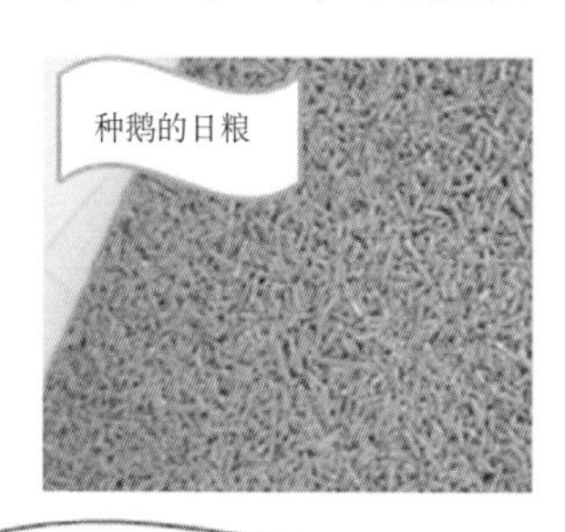

◆开产前4周，改用初产鹅日粮，粗蛋白质水平为15%～16%
◆当产蛋率达20%以上时，改用高峰期蛋鹅日粮，粗蛋白质水平 以18%～19%为宜
◆每天饲喂2 ～ 4次，保证青绿饲料和清洁饮水的供应

加强放牧管理

◆尽量选择路近而平坦的草地进行放牧
◆放牧距离不能太远，保证有较多的时间让种鹅下水洗浴、戏水
◆产蛋期母鹅行动迟缓，不能对鹅群驱赶过急
◆平时要注意防暑、避雨

防止窝外蛋

母鹅有定窝产蛋的习惯

◆大部分鹅产完蛋前最好不放牧，有寻窝表现的鹅推迟放牧
◆上午放牧的场地应尽量靠近鹅舍，以便部分母鹅回窝产蛋
◆产蛋初期，训练母鹅在窝内产蛋
◆及时收集种蛋

少数母鹅产蛋后有用垫草埋蛋的习惯

就巢性的控制

◆应及时隔离就巢的鹅，将其关在光线充足、通风、凉爽的地方，不让其回到产蛋窝内，加强饲喂，使其体重不至于过分下降
◆对有抱性的鹅进行标记，留种前淘汰有抱性的鹅，避免种用

减少应激

◆种鹅产蛋期间要求安静、舒适的环境条件
◆不要随意更改饲养管理程序，如需更换，需逐步过渡
◆转群、免疫接种时，可在饮水中添加复合维生素(每千克水1克)，饲喂3天，以缓解应激

二、提高种蛋受精率的饲养管理要点

种鹅的严格选择

◆种公鹅要求体大毛纯，颈、脚粗长，两眼有神，叫声洪亮，行动灵便，雄性特征明显
◆种母鹅应外貌清秀，前躯深宽，臀部宽而丰满，肥瘦适中，颈细长，眼睛有神，脚掌小，两脚距离宽，尾毛短且上翘，全身被毛细而实
◆开产时，检查公鹅生殖器的发育状况，淘汰生殖器发育不良的公鹅

● **公、母鹅比例** 公、母鹅比例要根据鹅的品种和产蛋季节而定，可以参考下表：

类 型	公、母鹅比例
小型鹅种	1：（6～7）
中型鹅种	1：（4～5）
大型鹅种	1：（3～4）

公鹅过多，不仅浪费饲料，还会相互争斗、争配，影响受精率。公鹅过少，受精效果也会受影响。

● **提供适宜的水面运动场**

◆一般每只种鹅最好有1～1.5米^{2}的水面运动场，水的深度在1米左右

◆对于舍饲的种鹅，鹅舍最好设有水面运动场，以供鹅在水里嬉戏、求偶、交配

◆对于放牧饲养的种鹅，如水面条件不够理想，也要保证早晨和傍晚种鹅交配的高峰能够及时放水

◆要求水质良好，无污染，最好是活动的水源

● 选择好休息场地

◆休息时，应尽量让鹅群在靠近水边的阴凉处活动，以增加更多的交配机会

● 鹅群大小合适、组群时间要早

◆繁群不宜过大，一般以300 ~ 500只为宜
◆鹅的择偶性较强，公、母组配要早

第五节　休产期的饲养管理

在种鹅休产期间，应做好人工强制换羽和休产期的饲养管理工作。

一、人工强制换羽

在自然条件下，母鹅从开始脱羽到新羽长齐需要较长的时间，换羽有迟有早，其后的产蛋也有先有后。为了缩短换羽的时间，换羽后产蛋比较整齐，可采用人工强制换羽。

实施人工强制换羽之前，首先淘汰产蛋性能低、体型较小、有伤残的母鹅，以及多余的公鹅。

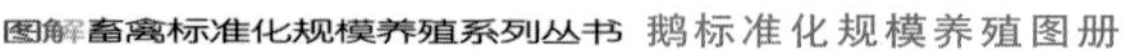

停止人工光照，停料2～3天

第4～10天低采食量

第10天左右试拔主翼羽和副主翼羽

◆提供少量的青饲料

◆保证充足的饮水

◆饲喂由青饲料加糠麸、糟渣等组成的青粗饲料

◆如果试拔不费劲，羽根干枯，可逐根拔除否则应隔3～5天后再拔一次，最后拔掉主尾羽

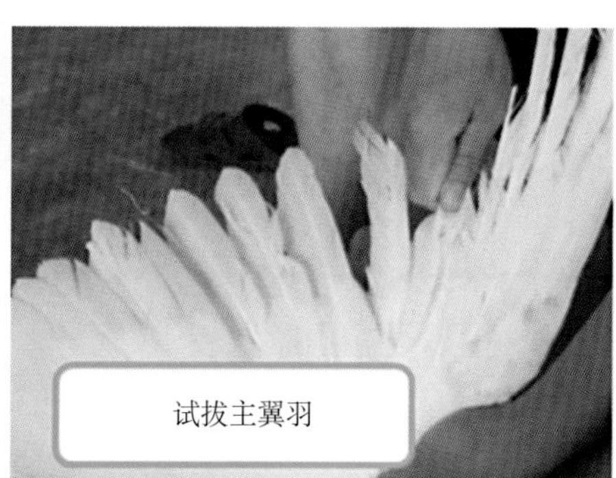

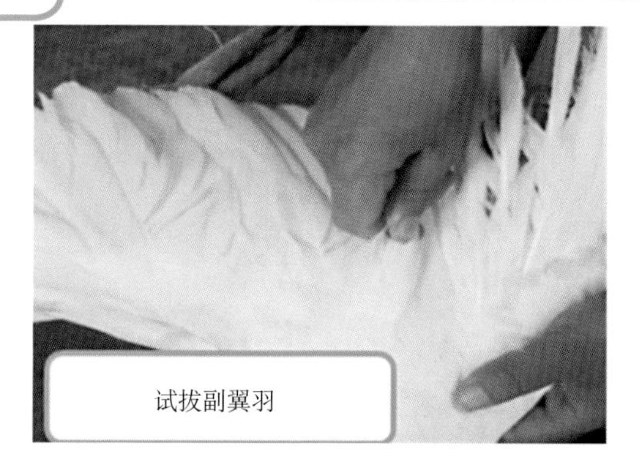

二、休产期的饲养管理

➢ 休产期种鹅日粮与育成期相同。

➢ 休产期饲喂次数每天1 ～ 2次。

➢ 休产期种鹅可进行放牧，舍饲鹅也尽量搭配青绿饲料、糠麸类粗饲料以降低饲料成本。

➢ 产蛋前30 ～ 40天(俗称交翅)，日粮改为产蛋鹅料，并逐渐增加喂料量，至开产时达到自由采食。

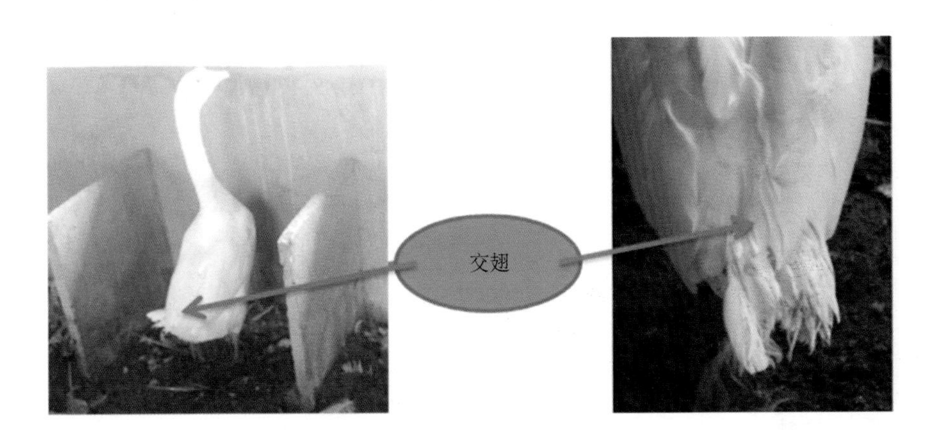

7 第七章　环境卫生与防疫

第一节　环境卫生

● **选址合理**　养鹅场的场址应选择在地势高燥、背风向阳、便于排水、水源洁净充足、远离居民生活区的地方。

● **场区排水和排污设施完善**　场内应该具有便捷的排水、排污设施，对场区污水应尽量采用暗管排放，集中处理，场区实行雨污分流排放的原则。

● **养殖设备和用具完善、干净、放置合理**　要备有充足的养殖设备，饮水槽和饮水器（盆）每天清洗，保证鹅的饮水清洁卫生，防止粪便污染，防止饲料受污染或霉变。鹅舍还要具备防鼠、防虫和防鸟设备。常备养鹅设备，特别是料槽、饮水器（盆）等，应该放置于通风向阳处，避免滋生霉菌。

干净的养殖工具

● **场区内干净整洁、定期打扫卫生、消毒** 鹅场、生产区、鹅舍门口均应设相应的消毒装置，建立严格的卫生防疫制度，定期对鹅舍地面、设备及周边环境进行消毒。

清扫鹅舍

环境消毒

● **场区内应该加强绿化** 规模化养鹅场还应该重视加强场内绿化。良好的绿化不仅能美化环境，而且在一定程度上阻断病原的传播。种植的树木可以为场区遮阴降温，优质牧草可以给鹅提供青饲料。

舍与舍之间的绿化带

● **防疫设施** 场内应有完善的病鹅、污水及废弃物无害化处理设施，搞好场内粪污及病死鹅的无害化处理，定期除尘、全面灭鼠、消灭有害昆虫，防止病原微生物的传播。

检 疫 室

病死鹅尸体处理塔

场内加强防疫应采取的主要措施

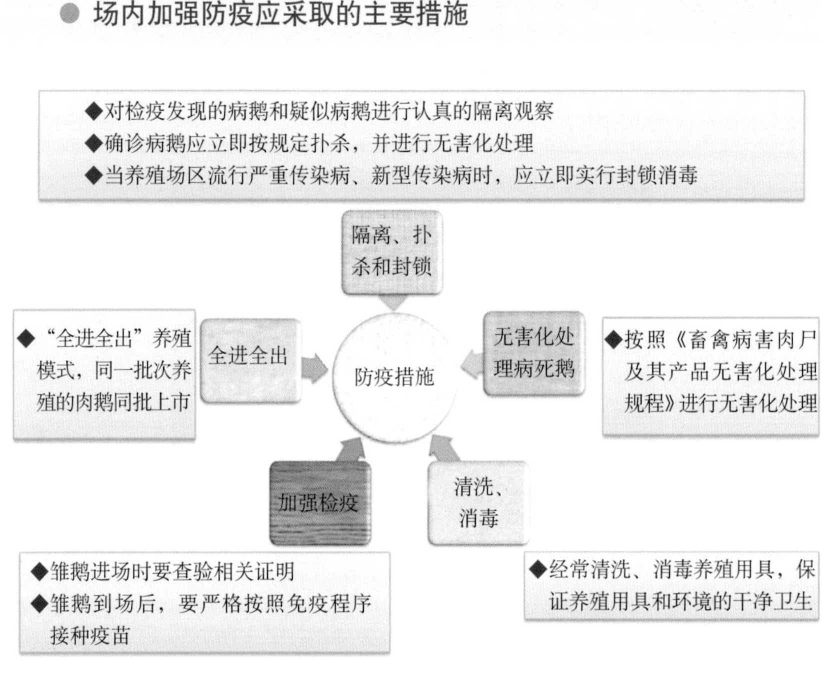

● **病死鹅处理方法**

➤ **销毁**　焚烧处理(利用焚化炉或架柴、浇油焚烧)、深埋处理(于偏远的干燥地挖2米以上土坑投入病死鹅及产品，撒石灰后填土掩埋)。

➤ **化制**　用化制机将病死鹅化制成工业用油等。

➤ **高温处理**　将疫鹅及被污染的鹅放入密闭高压锅内，在112千帕压力下蒸煮1.5 ～ 2小时，或放在普通锅内煮沸2 ～ 2.5小时。

第二节　养鹅场粪污处理

● **鹅场粪污处理方式**

● **还田方式**　小规模养鹅专业户可以采用这种粪污处理方式，首先人工将干粪或吸收粪尿的垫草清扫出鹅舍，清扫出的干粪外销或堆沤后生产有机复合肥。用少量的水冲洗舍内残存的粪便并贮存于贮粪池中，冲洗水经厌氧发酵后用作种植青饲料的肥料或供周围农户肥田利用。

● **厌氧发酵** 该模式适合于离城市较远，且有滩涂、荒地、林地或低洼地可作废水自然处理系统的地区的中等规模养鹅场，对鹅粪污采用固液分开处理的方式，固体制肥，液体发酵。

鹅舍采用人工清除干粪，冲洗粪水经过沉淀后直接排放到林地、荒地等，进入自然处理系统（氧化塘或土地处理系统等）。

● **工业化处理模式** 这种模式适合于大规模养鹅企业。首先用水将粪污冲入排污管道，通过固液分离机将固态粪渣分离出来，分离出的干粪出售或发酵后生产有机肥。液体污水进入处理系统，进行工业化处理，流程如下：

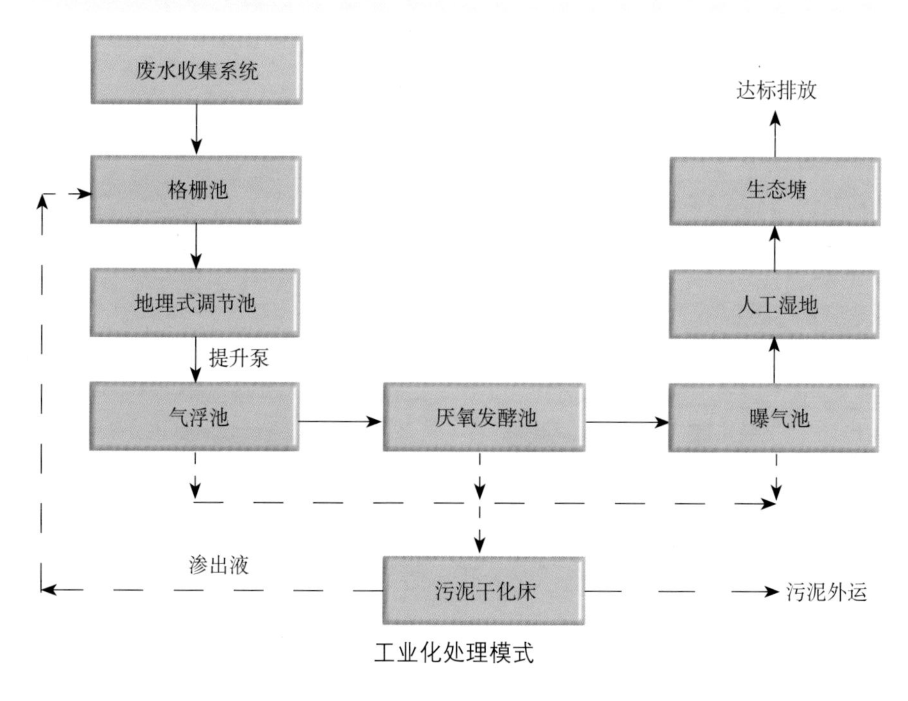

工业化处理模式

第三节 消毒与防疫

● **建立科学的卫生管理制度**

➢ 工作人员、外来人员、车辆进入生产区需严格消毒。

➢ 鹅场用具专区、专用并严格消毒。

➢ 保证饲料饮水卫生。

➢ 引种或调入鹅需隔离观察一个月。

➢ 全进全出。

➢ 保持舍内清洁卫生、定期消毒、通风换气。

➢ 病禽的隔离和死禽的妥善处理。

➢ 粪便无害化处理。

● **卫生消毒**

➢ **场内消毒** 禽舍周围环境每2 ~ 3个月用火碱消毒或撒生石灰1次，场周围及场内污水池、排粪坑、下水道出口每1 ~ 2个月用漂白粉消毒1次。在大门口和鹅舍前设消毒池，使用2%火碱或煤酚皂。

➢ **工作人员消毒** 取得健康合格证后培训上岗，并定期进行健康检查，传染病患者不得从事饲养工作。工作人员进入生产区要更衣、戴帽、换鞋并进行紫外线或喷雾消毒。严格控制外来人员进入生产区，进入生产区的外来人员应严格遵守场内防疫制度，更换防疫服和工作鞋并进行严格消毒后方可进入。

➢ **鹅舍消毒** 进鹅或转群前，将鹅舍彻底清扫干净，采用2%火碱或0.1%新洁尔灭或0.3%过氧乙酸或次氯酸钠等消毒液全面喷洒，关闭门窗，用福尔马林密闭熏蒸消毒24小时。鹅舍消毒完毕后应至少空舍2周，关闭并密封鹅舍，防止野鸟和鼠类进入。

➢ **用具消毒** 先用0.1%新洁尔灭或0.2% ~ 0.5%过氧乙酸消毒，然后在密闭的室内用甲醛熏蒸消毒。

➢ **带鹅消毒** 定期进行带鹅消毒，消毒时宜选择刺激性相对较小的消毒剂，常用的有0.3%过氧乙酸、0.1%新洁尔灭和0.1%次氯酸钠。鹅场有疫情时，应增加带鹅消毒次数。

➢ **杀虫、灭鼠、控制飞鸟** 用0.1% ~ 0.5%敌百虫杀虫，每2 ~ 3天喷洒一次，可结合环境消毒同时进行。定期投放灭鼠药或用机械方法灭鼠。防止飞鸟进入场区。

● **建立科学的免疫程序** 应根据本场的疫病史、场周围疫情、鹅免疫抗体水平及鹅的不同饲养阶段等情况，有针对性地制定免疫计划。不具备条件的鹅场应参照提供雏鹅单位的免疫情况和本场的经验制定合理的免疫程序。

鹅场门口消毒池

鹅舍消毒

商品肉鹅免疫程序参考

日龄	生物制品种类	使用方式
1日龄	小鹅瘟高免卵黄抗体	皮下注射0.5 ～ 1.0毫升
7日龄	鹅副黏病毒蜂胶灭活疫苗	胸肌注射0.3 ～ 0.5毫升（无此病流行区可免除）

（续）

日龄	生物制品种类	使用方式
1日龄	小鹅瘟高免卵黄抗体	皮下注射0.5～1.0毫升
3日龄	鹅副黏病毒蜂胶灭活疫苗	胸肌注射0.3～0.5毫升
9日龄	禽流感疫苗	按使用说明书执行
28日龄	禽兔巴氏杆菌A苗	皮下注射1毫升
35日龄	禽流感疫苗	按使用说明书执行
26周龄	禽流感疫苗	按使用说明书执行
27周龄	禽兔巴氏杆菌A苗	皮下注射1毫升
28周龄	小鹅瘟疫苗	按使用说明书执行
29周龄	小鹅瘟疫苗	按使用说明书执行
44周龄	禽兔巴氏杆菌A苗	皮下注射1毫升
45周龄	小鹅瘟疫苗	按使用说明书执行
46周龄	小鹅瘟疫苗	按使用说明书执行

➢ 使用说明　不同鹅品种开产日龄不同，免疫时间应进行适当调整，应以开产的时间为准。各地应根据当地的实际情况参考使用。

8 第八章 鹅常见病的防治

第一节 鹅病的诊断方法

一、现场资料的调查与分析

认真听取鹅场饲养人员或鹅场技术员对鹅群发病情况的全面描述，重点调查和了解以下几方面的问题：

● **环境** 养鹅场的地理位置和周围环境，是否靠近居民点，附近是否有养鹅场、屠宰加工厂。

鹅场内鹅舍布局是否合理，注意孵化室、育雏区、种鹅区、对外服务部的位置及彼此间的距离，尤其注意鹅舍的通风情况，舍内是否太潮湿、舍内光照是否符合标准。

● **饲养管理** 鹅饲料是自配料还是从饲料厂购进，厂家质量和信誉如何，饲料的生产日期及保质期，饲料是否有霉变结块。

饮水的来源和卫生标准，水源是否充足，曾否缺水或断水。尤其注意水源是否易受周围工厂污染。

仔细查看饲养管理记录，包括所养鹅的品种、饲养量、日龄、饮水量、采食量、产蛋率、发病率、死淘率、平均体重、均匀度。

产蛋箱的数量、位置、卫生状况、集蛋方法及次数，包装和运输情况，种蛋的保存温度和湿度，是否消毒，种蛋的大小、形状，蛋壳颜色、光泽、光滑度，有无畸形蛋。

孵化室的温度和湿度是否恒定，入孵蛋受精率、孵化率以及1日龄雏鹅合格率。

● **疾病、防疫** 鹅场过去发生过何种疾病，采取过何种防治措施，效果如何。

对本次发病鹅已作过何种诊断和治疗，效果如何。

仔细查看免疫接种记录。免疫程序是否合理，是否按制定的免疫程序进行免疫接种，是否有漏接，免疫前后鹅群是否有异常表现，疫苗是否来自正规的厂家，是否详细记录疫苗批号，疫苗的运输及保存方法是否正确（如运输过程中温度过高，油乳剂灭活苗置于－20℃冻存）。疫苗稀释方法是否正确，稀释后在多长时间内用完。免疫效果如何，采用何种方法进行免疫监测。

药物使用情况，饲料中添加过何种药物，鹅场曾使用过何种药物及给药方式、剂量和使用时间，给药前后鹅群是否有异常表现。

鹅群是否有放牧，牧场的卫生状况，是否喷洒过农药等。

二、临诊检查

● **群体检查**　在进行群体检查时，主要肉眼观察，注意有无以下异常情况：

观察鹅群的营养状况、大小均匀度；羽毛颜色和光泽，是否丰满整洁；是否有局部或全身的脱毛或无毛，肛门周围羽毛是否有粪污。

鹅群精神状况如何，添加饲料时是否争抢采食，是否有精神沉郁、闭目、低头、离群呆立、不愿走动、昏睡的，是否有头颈扭曲、转圈运动，是否有跛行、瘫痪等。

是否有流泪，眼结膜充血、出血，有无伸颈张口呼吸并发出怪叫声，口角有无黏液、血液。

饮水量和采食量如何，有无拉稀，粪便是否含有未消化的饲料颗粒、黏液、血液，是否有异常恶臭味。

发病数、死亡数，病程长短，是否无症状突然死亡。

● **个体检查**　对鹅个体检查的项目与上述群体检查基本相同，除此之外，还应注意补充对个体作以下检查。

皮肤有无弹性、颜色是否正常，是否有异常斑块，是否有脓肿、气肿、水肿等，胫部皮肤鳞片有无发红。

鼻孔有无黏性或脓性分泌物。翻开泄殖腔观察有无充血、出血、水肿、结痂。

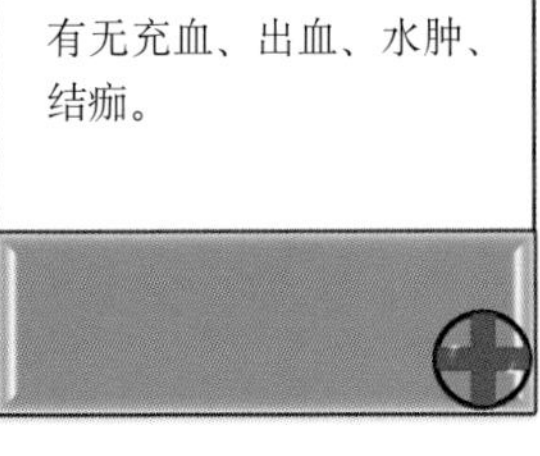

口腔是否有过多黏液，喉头周围是否有干酪样物。

三、病理解剖检查

● **体表检查** 检查病死鹅的外观，羽毛是否整齐，口、鼻、眼有无分泌物，泄殖腔周围是否有粪污。

检查羽毛、口、鼻、眼

● **剖检操作顺序及注意观察部位** 将鹅置于解剖盘。先用消毒液将羽毛浸湿，剪开腹壁连接两侧腿部的皮肤，用力将两大腿向外翻转，直至股关节脱臼，将鹅平稳地放在解剖盘上。用剪刀分别沿腹部两侧向前剪至胸部，另在泄殖孔腹侧作一横切线，与腹侧切线相接，在泄殖孔腹侧切口处将皮肤拉起，向上向前拉使胸腹部皮肤与肌肉完全分离。检查皮下是否有出血、胶冻样渗出，胸部肌肉颜色，有无出血点。

➢ **第一步** 检查皮下、肌肉。在泄殖腔腹侧将腹壁横向剪开，再沿胸肋和背肋之间向前剪，然后一只手压住腿部，另一只手握住龙骨后缘向上拉，使整个胸骨向前翻转露出胸腔和腹腔，此时应先检查气囊有无混浊、增厚或纤维素性渗出物，其次注意胸腔内是否有积液。检查心包液是否增多，心包液是否混浊或有纤维素性渗出物，再剪开心包囊，检查心脏及心冠脂肪有无出血，肌纤维有无坏死；肺是否水肿，有无结节；肝脏有无肿大，质脆，表面有无出血、坏死点；胰腺有无出血点、坏死灶，肠道浆膜及黏膜有无出血，脾脏、肾脏是否正常。用剪刀将下颌骨剪开并向下剪开食道，另将喉头气管剪开检查。最后剖开头皮，取出颅顶骨，检查大脑和小脑。

➢ **第二步**　检查心包液、心脏、肺、肝脏、胰腺、肠道及黏膜、脾脏、肾脏、食道、气管、脑。

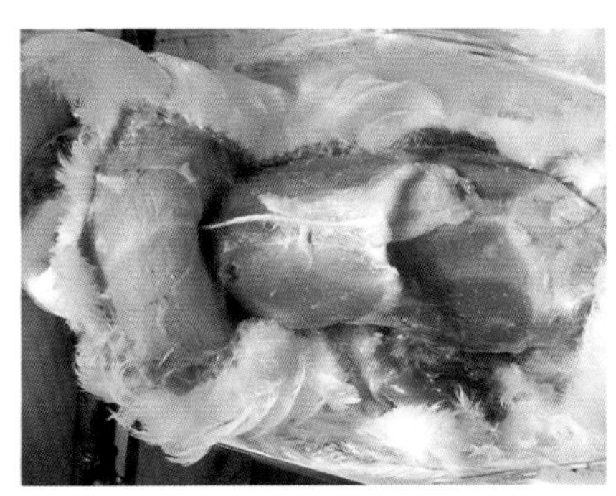

第二节　鹅常见病毒性传染病

一、小鹅瘟

● **症状**　小鹅瘟又称鹅细小病毒感染、雏鹅病毒性肠炎，是由鹅细小病毒引起雏鹅的一种高度接触性传染病，主要侵害20日龄内雏鹅，发病率和死亡率高，可造成严重的经济损失，是目前危害养鹅业的重要传染病之一。1周龄内雏鹅主要表现为发病突然，传播迅速，病程短，发病率和死亡率可达100%。患病雏鹅表现极度衰弱，倒地两腿划动并迅速死亡。1周龄以上或有母源抗体的雏鹅则病程较长，主要表现为精神委顿，拉稀，排灰白或黄绿色稀粪。典型剖检症状为小肠的坏死性肠炎，肠黏膜坏死、脱落，与纤维素性渗出物形成特征性的凝固性栓子，使肠道膨大变粗，肠壁菲薄，质地坚实，外观如腊肠状。根据以上描述可作出初步诊断，确诊须进行病原分离鉴定。

● **防治** 目前尚无有效治疗小鹅瘟的药物，主要应该加强防控，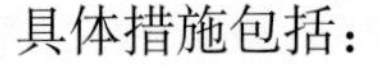具体措施包括：

➤ **加强生物安全措施** 尽量避免从疫区购进种蛋、雏鹅及种鹅，如必须引进，一定要经过严格隔离检疫。不要孵化来源于不同种群的种蛋，对入孵的种蛋应用消毒液冲洗和福尔马林熏蒸消毒。孵化场及所有孵化设备应定期彻底消毒。病死鹅应焚烧深埋，对病毒污染的场地进行彻底消毒。

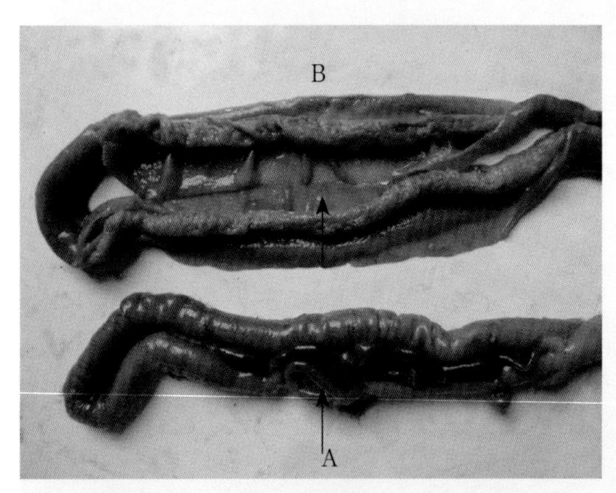

A．肠道膨大变粗，肠壁菲薄，触之有坚实感，外观如腊肠样

B．剖开肠道，内有凝固性栓子

➤ **免疫接种是预防和控制本病的重要措施** 目前使用的疫苗主要有雏鹅小鹅瘟弱毒疫苗（SYG株）和小鹅瘟弱毒疫苗（GD株）。雏鹅小鹅瘟弱毒疫苗（SYG株）适用于未经免疫的种鹅所产雏鹅，或免疫后期（100日后）的种鹅所产雏鹅，1日龄皮下注射，每只0.1毫升（1羽份）。小鹅瘟弱毒疫苗（GD株）可在鹅产蛋前20～30日肌内注射，每只1毫升（1羽份）。

小鹅瘟蛋黄抗体

对感染小鹅瘟及受威胁的雏鹅群，可使用抗小鹅瘟蛋黄抗体，可起到治疗和预防作用。

采用胸部皮下注射，治疗用剂量为每只2～3毫升，预防用剂量为每只0.5～1毫升，同时补充电解质和多种维生素。

二、雏鹅新型病毒性肠炎

● **症状**　雏鹅新型病毒性肠炎是由病毒引起雏鹅的一种接触性传染病，主要侵害3～30日龄雏鹅，其临床症状和病理变化与小鹅瘟非常相似，也会出现典型的类似小鹅瘟腊肠样病理变化。

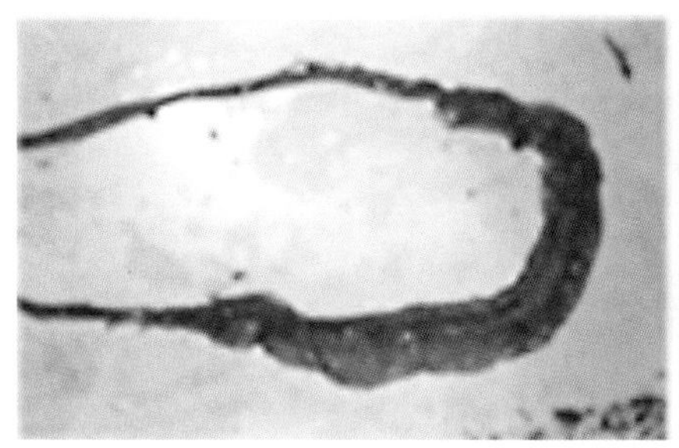

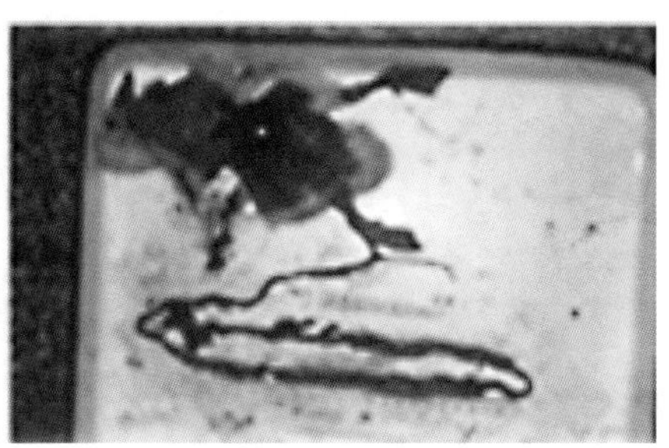

小肠形成巨大凝固性栓塞物，肠壁严重出血

● **防治**　目前针对本病尚无有效的治疗药物。平时注意尽量避免从疫区引进种鹅，在该病流行区使用雏鹅新型病毒性肠炎疫苗进行预防。

三、鹅副黏病毒病

● **症状**　鹅副黏病毒病是由副黏病毒引起鹅的一种急性败血性传染病，各种年龄的鹅均易感，年龄越小发病率和死亡率越高。患病鹅精神委顿，少食或不食，拉稀，排出白色或黄绿色稀粪。典型剖检症状为肠道黏膜有黄色或灰白色纤维素性结痂，剥离后有出血斑或溃疡面，胰腺有灰白色坏死灶。根据以上描述可作出初步诊断。

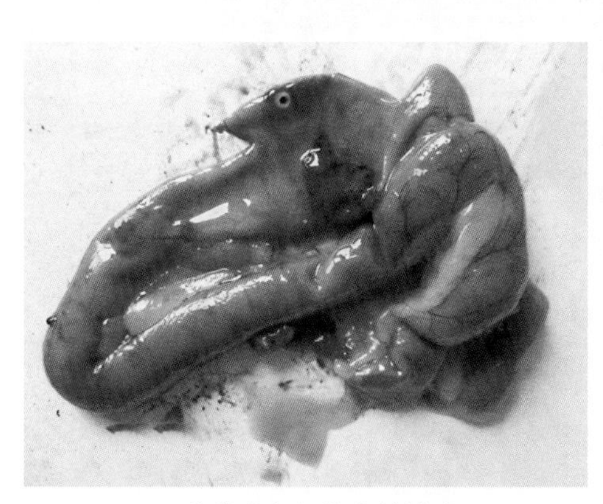

肠道黏膜有纤维素性结痂

● **防治**　目前尚无有效

治疗鹅副黏病毒病的药物。免疫接种是预防和控制本病的重要措施。种鹅在产蛋前2周接种油乳剂灭活疫苗，雏鹅可于10 ~ 15日龄进行免疫。

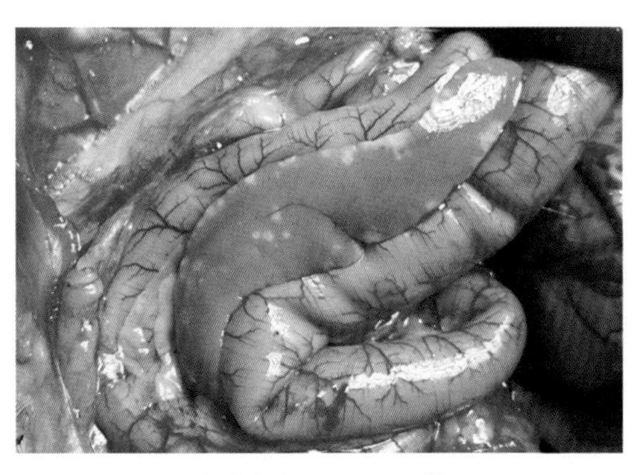

胰腺有灰白色坏死灶

第三节 鹅常见细菌性传染病

一、禽霍乱

● **症状** 禽霍乱又称禽巴氏杆菌病、禽出血性败血症，是由多杀性巴氏杆菌引起鸡、鸭、鹅等多种禽类的一种接触性传染病。鹅发生禽霍乱多数病例主要表现为发病突然，死亡快。患病鹅精神沉郁，闭目呆立，食欲减退，呼吸困难，不断摇头甩头，企图甩出咽喉部分泌物，俗称摇头瘟。患病鹅剧烈腹泻，排出灰白色或黄绿色稀粪，腥臭，有时混有血液，典型的剖检特征是心外膜及心冠脂肪有出血斑，肝脏肿大、质脆，肝表面有针尖大小的灰白色坏死点，肠道黏膜充血、出血。根据以上描述

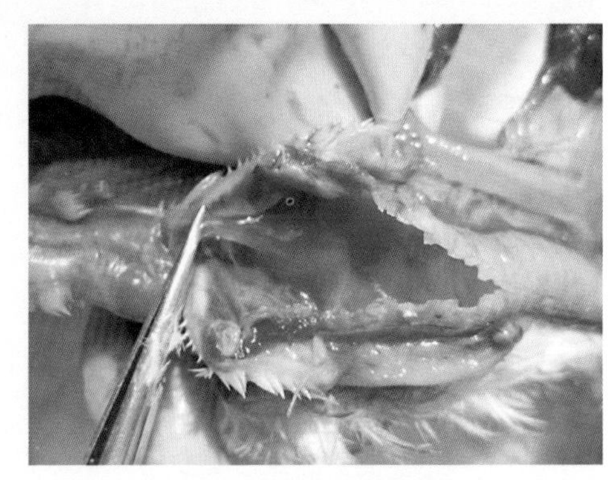

喉头及气管黏性分泌物

可作出初步诊断。

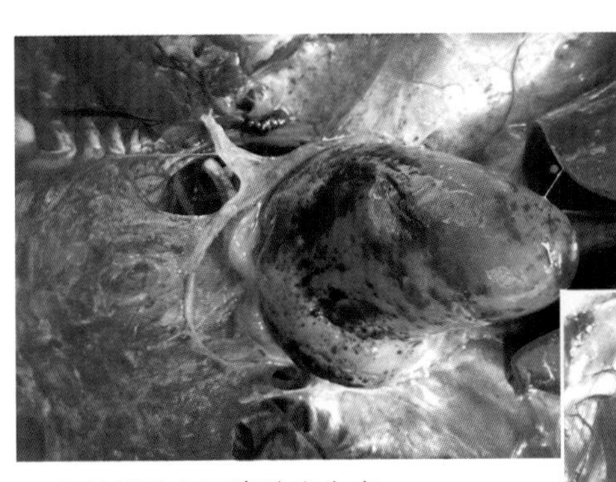

心外膜及心冠脂肪出血点

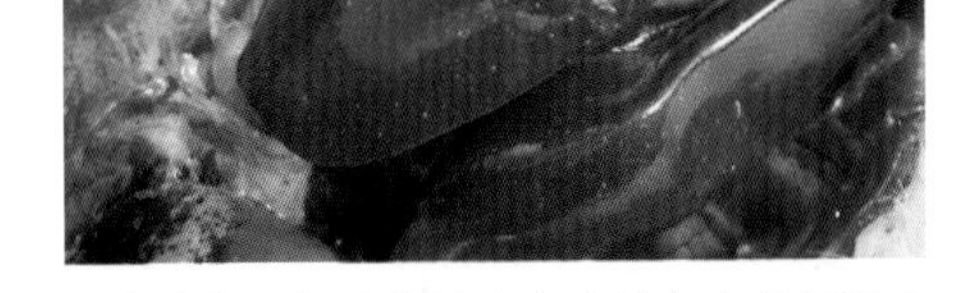

肝脏肿大，表面有针尖大小的灰白色坏死点

● **防治**　发生本病时应尽快使用抗菌药进行治疗。青霉素、链霉素、磺胺类药物等对本病均有较好的治疗效果，但多杀性巴氏杆菌易产生耐药性，应根据药敏试验结果选用敏感的抗菌药物进行治疗。

在本病流行严重的地区，应接种禽霍乱菌苗进行预防。目前国内使用的菌苗有弱毒菌苗和灭活菌苗，弱毒菌苗免疫期为3 ～ 3.5个月。灭活菌苗有禽霍乱氢氧化铝菌苗、禽霍乱油乳剂灭活菌苗等，免疫期为3 ～ 6个月。弱毒菌苗在6 ～ 8周龄进行首免，10 ～ 12周龄再次免疫。灭活菌苗一般在10 ～ 12周龄首免，肌内注射2毫升，16 ～ 18周龄再加强免疫一次。

二、鹅大肠杆菌病

● **症状**　鹅大肠杆菌病是由某些血清型致病性大肠杆菌引起的鹅不同疾病的总称。临床表现和病理变化多种多样。2周龄内雏鹅多因急性败血症而死亡，剖检症状为心包膜、肝脏和气囊表面有纤维素性渗出物，脾脏肿大呈斑驳状。产蛋鹅发病可引起卵巢和输卵管炎症，引起卵黄性腹膜炎，俗称蛋子瘟，并导致母鹅产蛋下降。根据以上描述可作出初步诊断。

产蛋鹅卵泡和输卵管充血出血，卵黄性腹膜炎

● **防治** 防控措施包括加强饲养管理，搞好鹅舍的清洁卫生和消毒工作，经常打扫鹅舍，保持清洁卫生，勤换垫草，保持干燥的环境；加强通风换气，防止饲养密度过大、突然改变饲料、潮湿等应激因素的影响。多种抗菌药物均可用于治疗本病，但大肠杆菌易产生耐药性，最好在药敏试验的基础上筛选敏感药物进行治疗，并注意定期更换用药或几种药物交替使用。

三、鹅沙门菌病

● **症状** 鹅沙门菌病又称鹅副伤寒，是由不同血清型沙门菌引起鹅的一种急性或慢性传染病。3周龄内雏鹅表现为急性型，可引起雏鹅大批死亡，成年鹅多呈慢性或隐性感染而成为带菌者。本病具有公共卫生意义，沙门菌产生的毒素可导致人食物中毒。患病雏鹅表现为精神沉郁、垂头闭眼、少食或不食、下痢。剖检症状为肝脏肿大、充血、出血、色泽不均，胆囊肿大，脾脏肿大，呈斑驳状。

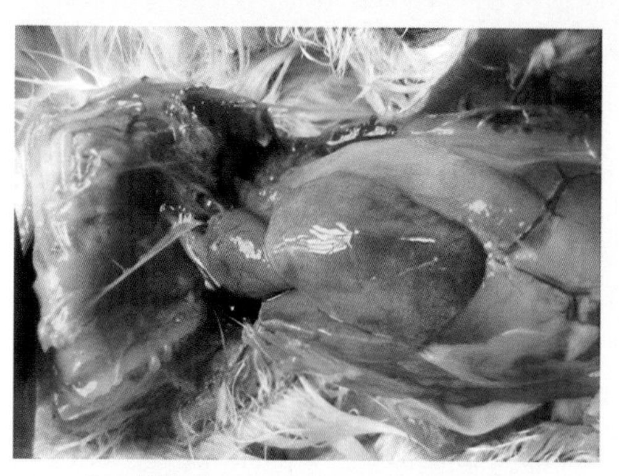

5日龄雏鹅，肝脏肿大、充血、出血

● **防治** 防控措施主要包括：

➢ **防止蛋壳污染** 保持产蛋箱内清洁卫生，经常更换垫草，防止粪便污染种蛋。勤捡蛋，要做到箱内不存蛋，减少窝外蛋。收集的蛋要及时分类后进入蛋库，并用福尔马林进行熏蒸消毒。孵化器和孵化室的消毒要及时彻底。

➢ **加强育雏阶段的饲养管理** 接雏后应尽早供给饮水和饲料，补充足够的维生素和矿物质。冬季注意防寒保暖。不同日龄的鹅群不要混养，避免互相传染。

由于沙门菌的普遍耐药性，应在药敏试验的基础上筛选敏感药物进行治疗，注意定期更换用药或几种药物交替使用。

四、鹅的鸭疫里默氏菌感染

● **症状** 鸭疫里默氏菌病是鸭、鹅及其他多种禽类的一种接触传染性疾病，也称为鸭疫巴氏杆菌病和鸭传染性浆膜炎。本病是目前危害水禽业最为严重的传染病之一。鹅的鸭疫里默氏菌感染主要发生在1～8周龄雏鹅，发病率和死亡率受多种因素的影响，差异较大。患病鹅主要表现为精神委顿，头颈歪斜，眼鼻有分泌物，拉稀，粪便稀薄呈黄白色或绿色。典型的剖检变化特征是心包膜、肝脏和气囊表面覆盖有纤维素性渗出物。根据以上描述可作出初步诊断。

心包和肝脏表面覆盖有灰白色纤维蛋白膜

● **防治** 最有效的预防措施是加强饲养管理、搞好清洁卫生、减少各种应激因素。采用鸭疫里默氏菌灭活疫苗进行免疫接种。对于发病的雏鹅群可使用敏感药物进行治疗。

9 第九章　鹅场生产与经营

第一节　鹅业规模化生产模式

一、鹅业生产的产品类型

● **肉鹅业主要生产环节及产品**　从业者应该根据当地市场情况、资源现状、所具备的技术实力、投资情况等选择好进入鹅业生产的最佳切入点。

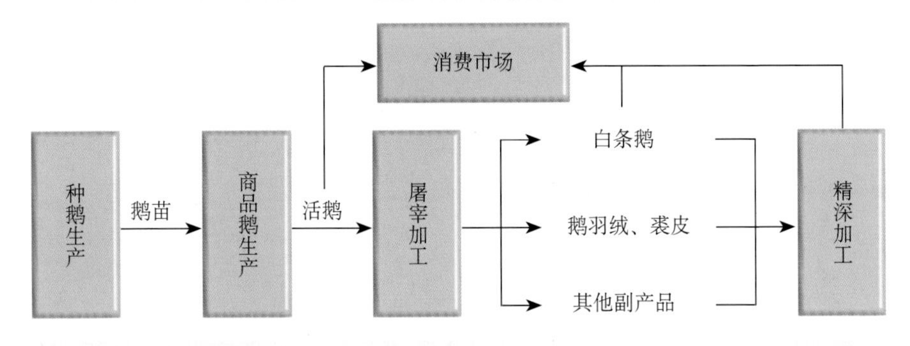

● **企业目标产品类型的确定**　应在消费市场调研、企业优势分析、资源优势分析等基础上，做好生产目标和市场目标确定的论证。

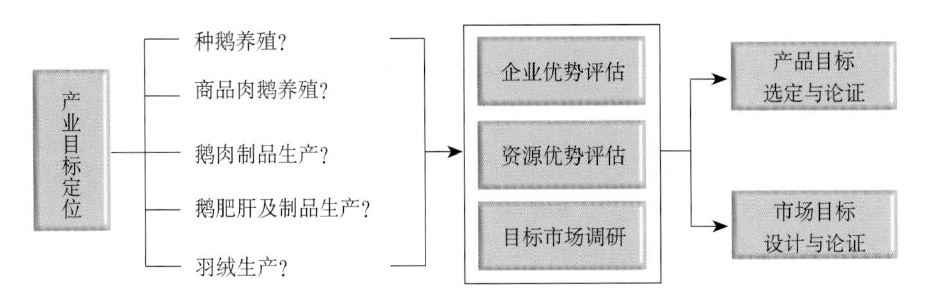

二、鹅业生产的产业链类型

当前肉鹅产业中主要包括以肉鹅专业合作社为龙头、以种鹅生产企业为龙头和以鹅产品加工企业为龙头的三种主要产业链模式，也有将以上模式综合在一起的综合生产模式。

● **以肉鹅专业合作社为龙头的产业链**　此种产业链模式是肉鹅生产中最常见、最简单的肉鹅养殖模式，主要以合作社为中心，带动养殖户开展规模化、标准化肉鹅养殖。由合作社统一购进鹅苗、饲料、药物等分销给养殖户，养殖户通过标准化养殖环节生产出符合要求的肉鹅，提交给合作社进行统一销售。该模式的发展需要具备良好的鹅养殖技术和饲养规模基础，还需要具备良好的鹅品种资源、饲料资源。在产业链运作中，主要以标准化养殖技术和规模优势带动鹅产业的健康发展。

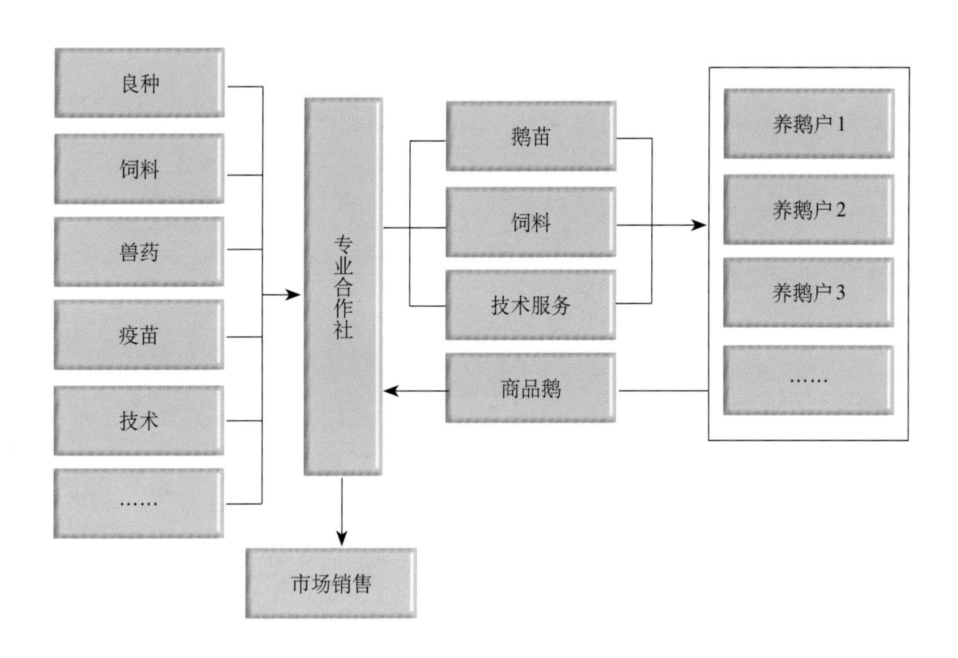

● **以种鹅生产企业为龙头的产业链** 该产业链模式主要以市场占有率较高的优良鹅种为基础，通过种鹅扩繁和商品鹅标准化生产，向市场提供商品鹅苗及商品肉鹅。该产业链主要以“种鹅企业+种鹅基地（种鹅户）+商品鹅基地（农户）”或“种鹅企业+合作社+养殖农户”的模式运行。

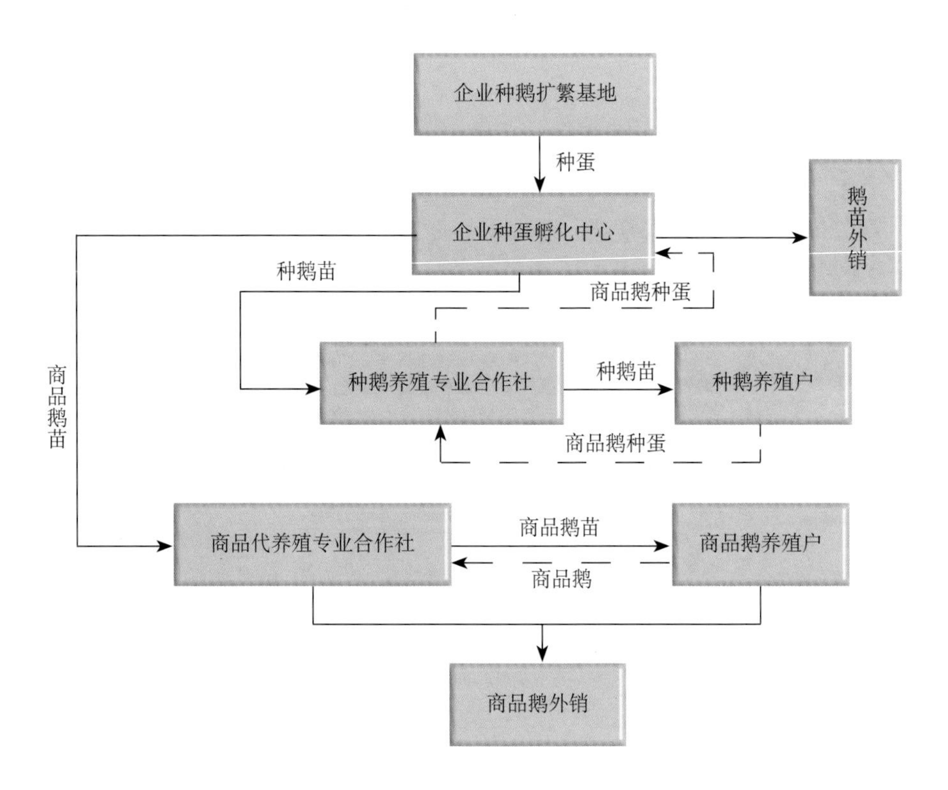

● **以鹅产品加工为龙头的产业链** 以该产业链模式发展和建设鹅产业，需要具备良好的鹅产品加工技术和资金基础，需要掌握良好的鹅产品商业化运作和营销网络。该产业链的运行主要以“产品加工企业+种鹅基地+商品鹅基地（农户）”的模式为主，产品类型则以屠宰加工产品、精深加工产品为主，可以通过利用鹅产品加工优势带动整个鹅产业的健康、高效益发展。

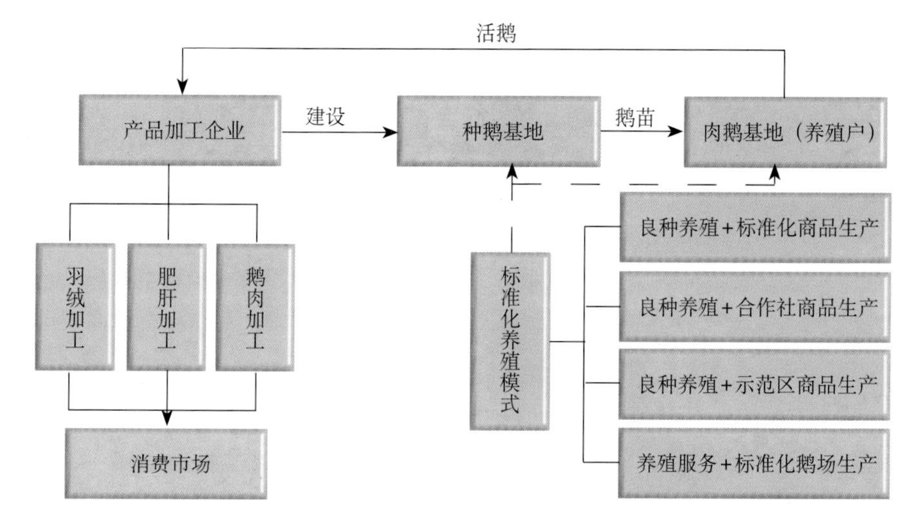

三、鹅业生产的效益

● **鹅产业链各环节的利润分配** 鹅产业链总体利润主要包括种鹅产业利润、商品鹅养殖利润以及加工环节利润。在产业链利润分配中，要考虑到每个环节的成本和利润分配，分配好每个产业环节的利润额度，是鹅整个产业链健康发展的基础。

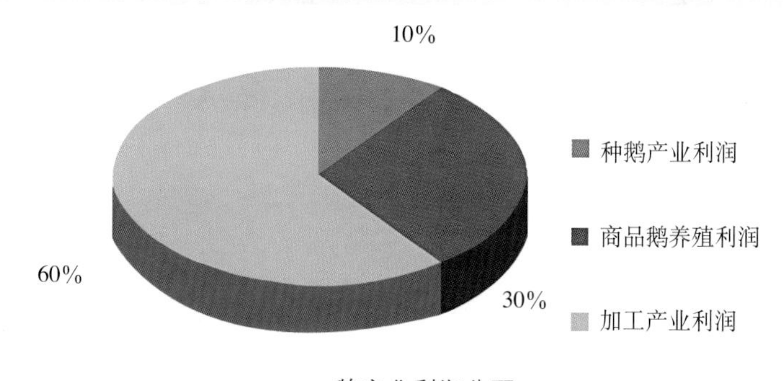

鹅产业利润分配

● **鹅产业的社会效益与生态效益** 鹅产业的发展具有显著的经济、社会和生态效益。在产业链实现最佳利润的同时，必须兼顾社会和生态效益。

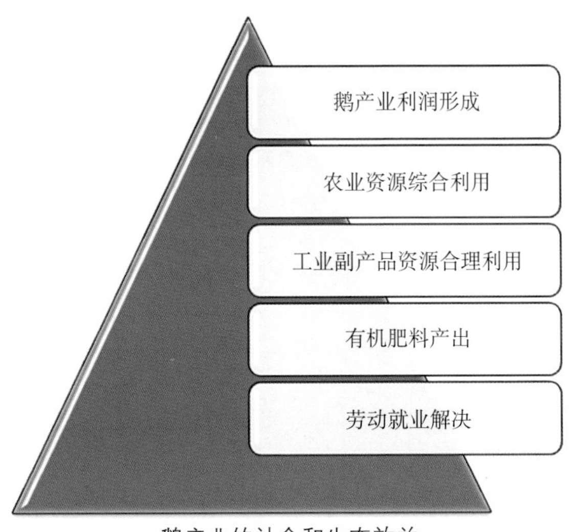

鹅产业的社会和生态效益

● **养鹅社会效益实例** 以饲养天府肉鹅为实例，通过建设一个存栏5 000只母鹅的种鹅场，可年产30万只育肥肉鹅。仅考虑养殖环节，可产生的社会效益如下：

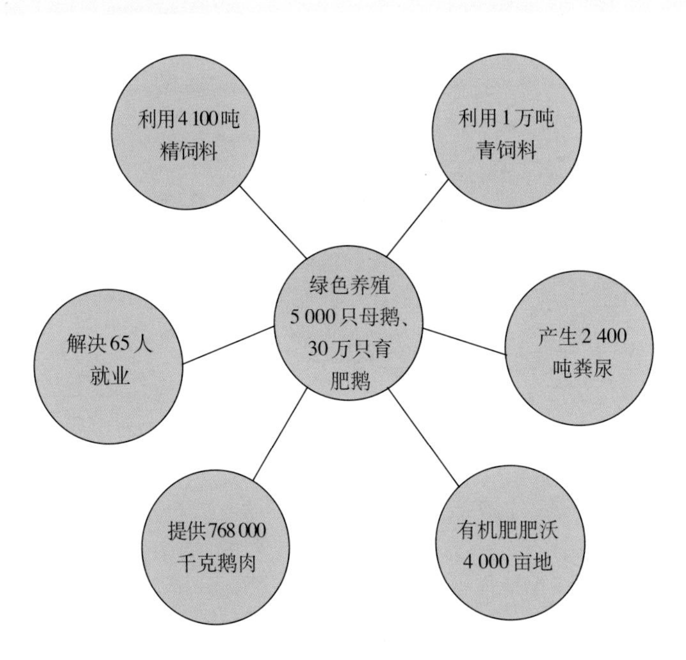

第二节　鹅场的生产管理

一、生产计划

生产计划是对鹅场全年生产任务的具体安排，其制订应该尽量切合实际。通过生产计划的制订与实施，能更好地指导生产、检查进度、了解成效，有利于生产任务的顺利完成。

● 制订生产计划的主要依据

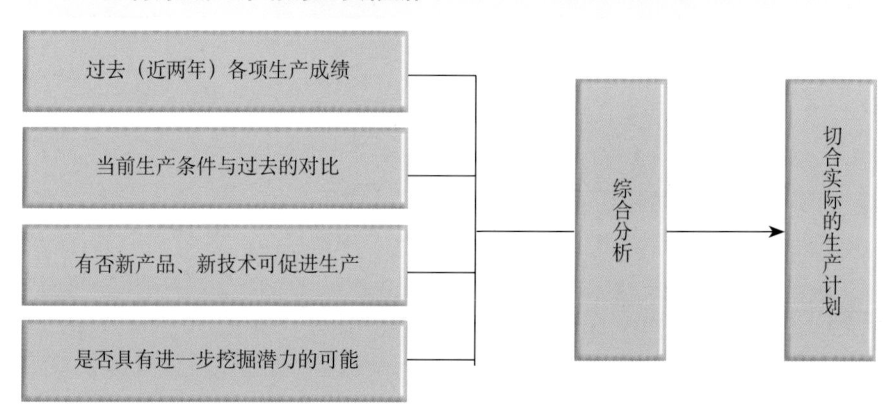

● 生产计划基本内容

➢ 鹅群周转计划的制订

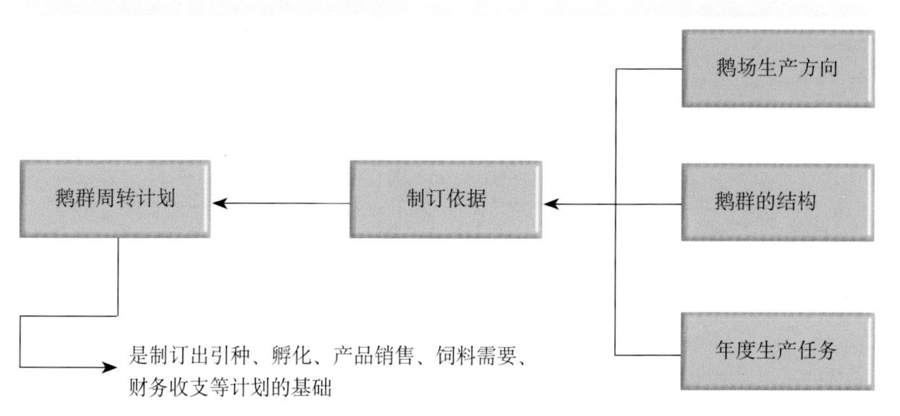

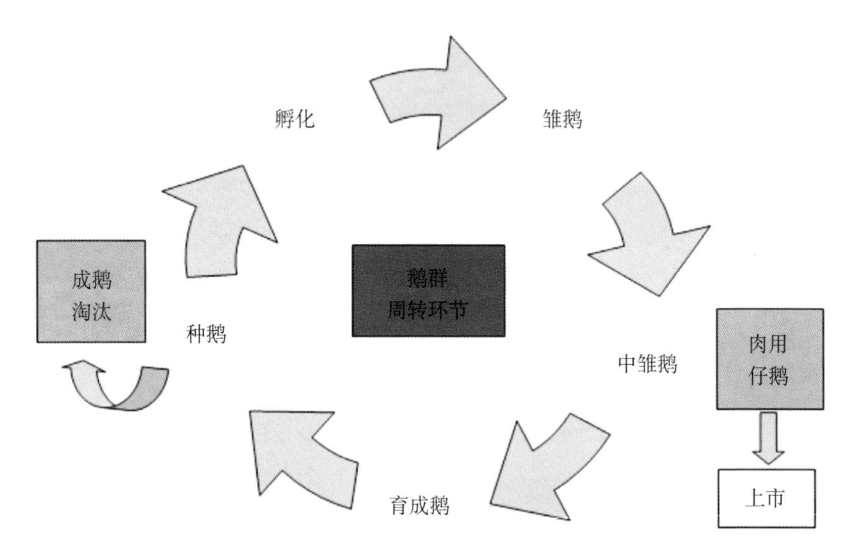

➢ **产品生产计划的制订**

➢ **饲料需要计划的制订** 编制饲料需要计划的目的是合理安排资金及采购计划。需根据鹅群周转计划，计算出各月各组别鹅的饲料量，包括精饲料和青饲料的需要量。成年鹅青饲料的用量按每只每日0.5～1.0千克计算。

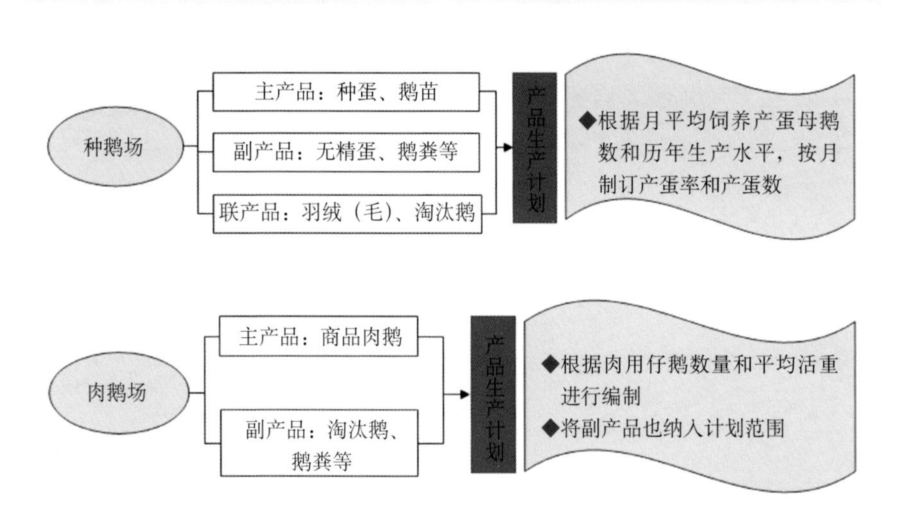

鹅各生产阶段的补饲饲料量

阶段划分	时　期	补饲全价配合饲料	补饲谷物等粗饲料
种鹅育雏期	0 ～ 42天	2千克/只	2千克/只
种鹅育成期	43 ～ 190天		0.1千克/（只·日）
种鹅产蛋期	191天到产蛋期结束	0.1 ～ 0.15千克/（只·日）	0.1千克/（只·日）
种鹅休产期			0.1千克/（只·日）
商品代肉鹅	从出壳至上市	1 ～ 1.5千克/只	3 ～ 4千克/只

➢ 财务计划的制订

财务计划
- 收入：主产品、联产品、副产品及其他收入
- 支出：鹅苗、饲料、各类物资、工资及附加工资、交通运输、房舍维修与房舍设备折旧、管理费、利息

鹅场的年度预算

二、劳动管理

基本原则：分工明确，相互协作，场长负责制。

鹅场劳动管理
- 行政管理：负责全场的管理和后勤保障，如鹅场各种计划、技术措施等的制订
- 生产管理：负责鹅场的生产计划和饲养管理
- 销售管理：负责产品(种蛋、鹅苗、商品鹅)的销售

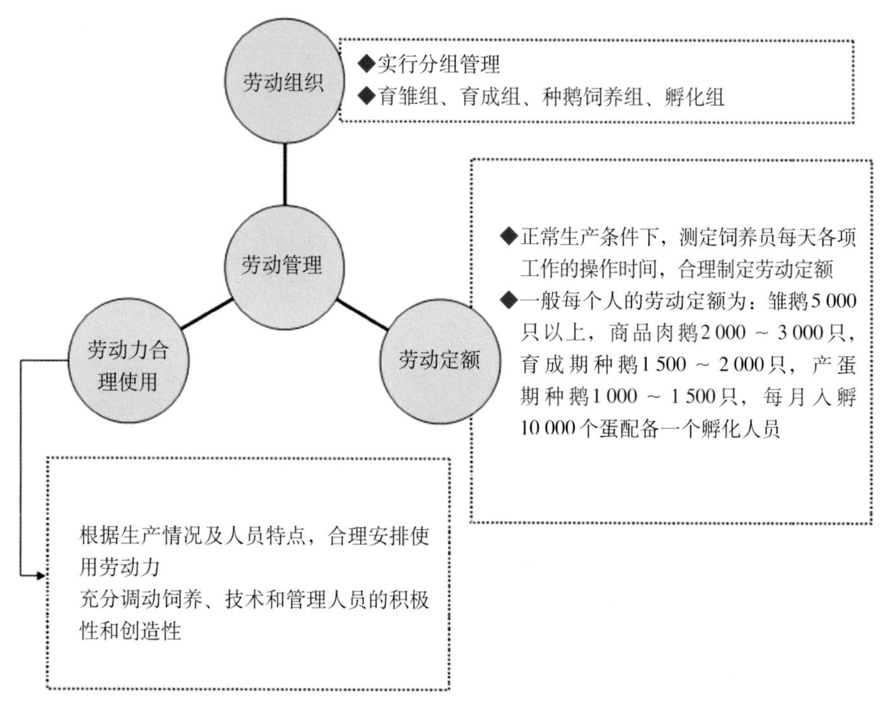

三、成本管理

生产成本是生产设备利用程度、劳动组织合理性、饲养管理水平、生产潜能发挥程度的直接体现，反映了鹅场经营管理水平。通过成本管理，尽可能降低生产成本，才能够具有市场竞争力。

● 鹅场生产成本分类

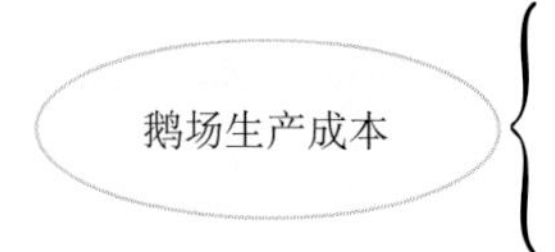

固定成本：固定资产成本，如鹅舍、饲养设备、运输工具、生活设施。固定资产以折旧费形式，与土地租金、贷款利息、管理费用等共同组成固定成本

可变成本：也称流动资金，是在生产和流通过程中使用的资金，如饲料、兽药、燃料、垫料、雏鹅等成本。流动资金随生产规模、产品产量等改变而变

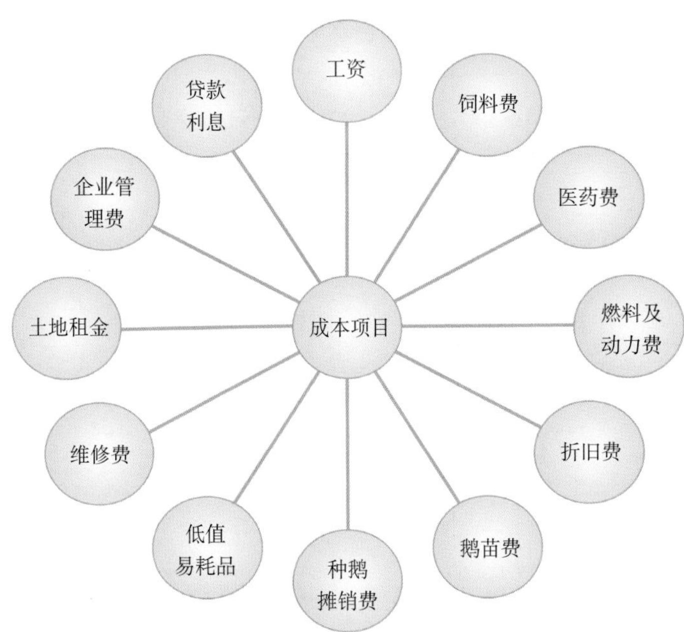
工资
饲料费
医药费
燃料及动力费
折旧费
鹅苗费
种鹅摊销费
低值易耗品
维修费
土地租金
企业管理费
贷款利息
成本项目

鹅场的成本管理

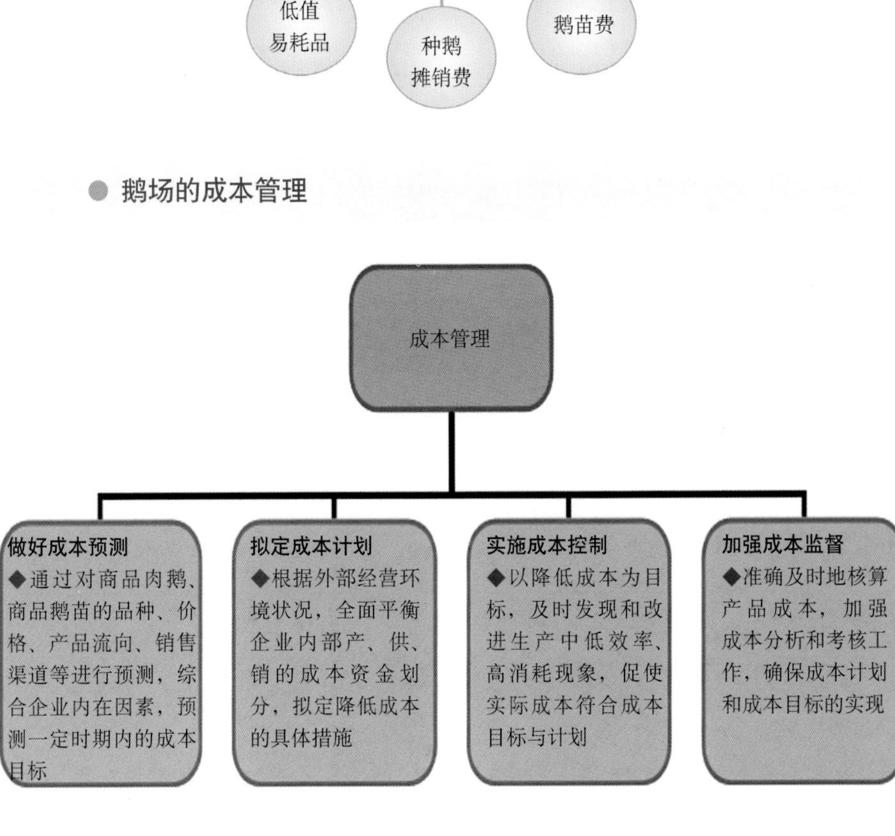
成本管理
做好成本预测
◆通过对商品肉鹅、商品鹅苗的品种、价格、产品流向、销售渠道等进行预测，综合企业内在因素，预测一定时期内的成本目标
拟定成本计划
◆根据外部经营环境状况，全面平衡企业内部产、供、销的成本资金划分，拟定降低成本的具体措施
实施成本控制
◆以降低成本为目标，及时发现和改进生产中低效率、高消耗现象，促使实际成本符合成本目标与计划
加强成本监督
◆准确及时地核算产品成本，加强成本分析和考核工作，确保成本计划和成本目标的实现

降低饲养成本，提高养鹅效益

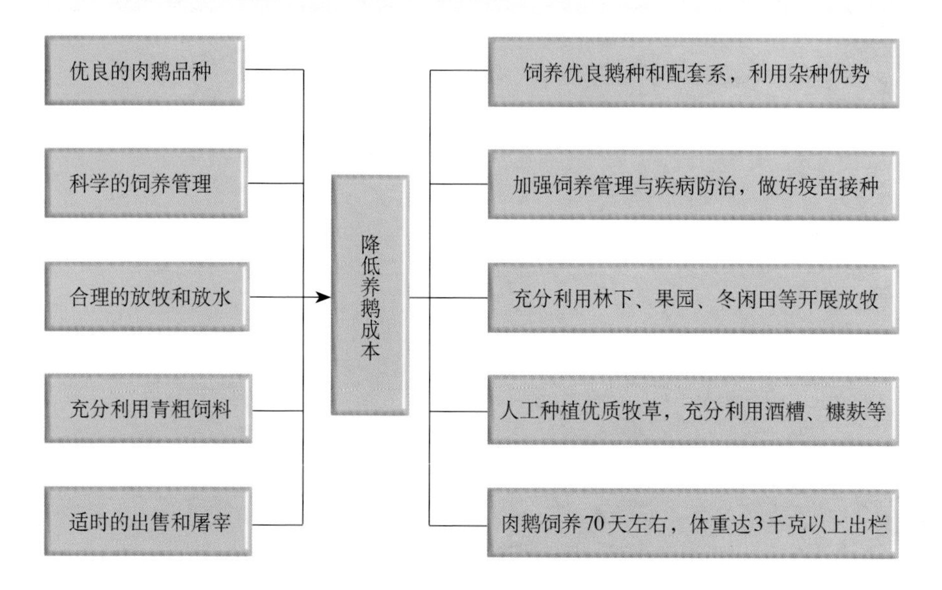

第三节 鹅场的经营管理

鹅场的组织结构

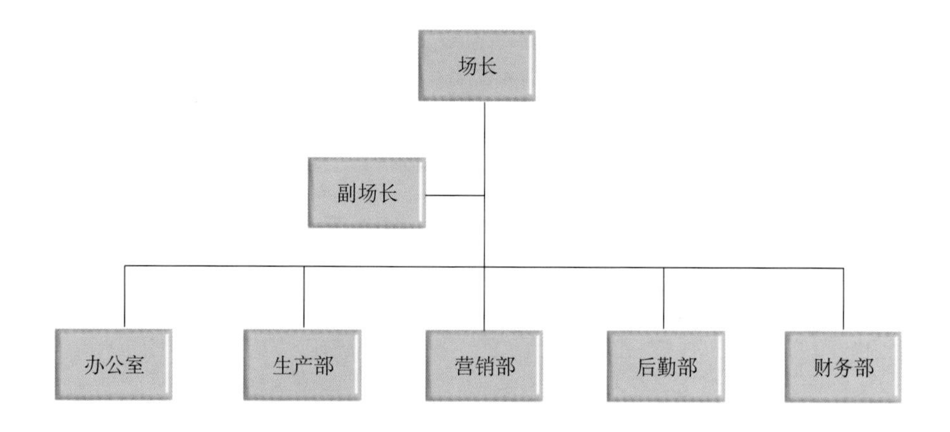

鹅场规模化经营要领

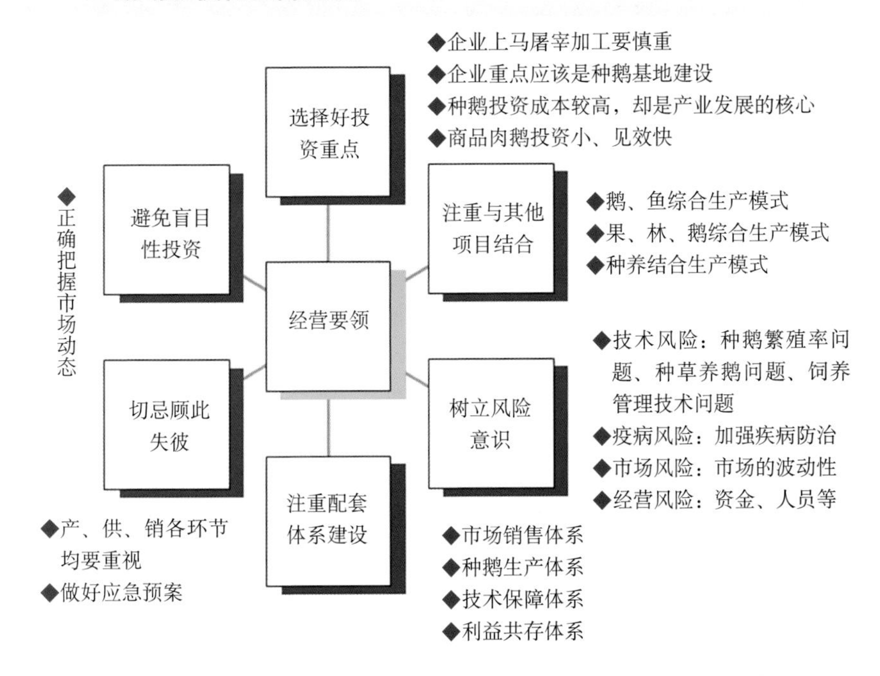

完善鹅场生产经营责任制

细化各个方面的责、权、利，使之与产蛋量、孵化率、成活率挂钩。鹅场需根据自身组织管理、人员配置、岗位职责、定额管理等方面的特点，在不违反国家有关法律、法规的基础上，制定符合自己的以责任制为中心的经营管理制度。

鹅场管理制度

- 岗位职责　对各类人员的岗位职责做详细规定，作为考核依据
- 考勤制度　对员工出勤情况，如迟到、早退、旷工、休假等进行登记，作为发放工资、奖金的重要依据
- 劳动纪律　根据不同岗位的劳动特点分类制定出详细奖惩办法
- 饲养管理制度　针对鹅场生产各环节的要求制定出技术操作规程，要求职工共同遵守执行，做到人、鹅群固定
- 医疗保健制度　定期进行职业病检查，对患病者进行及时治疗，按规定发给保健费
- 学习制度　定期交流经验或派出学习，以提高职工的技术水平

- 鹅场兽医管理制度
- 小结

盈利是鹅场的终极目标，只有加强企业内部管理，加强各项工作的制度化、标准化体系的建设，以及开源节流的管理，提高生产经营效率，才是鹅场实现盈利和可持续发展的正途。

10 第十章　鹅的屠宰及贮藏

第一节　卫生要求

一、原辅料的卫生要求

● 对活鹅要进行严格的宰前检疫，剔除有传染病、不适于屠宰的鹅。

● 宰后严格进行卫生检验，包括胴体和内脏检验，观察体表的颜色和皮下血管的充盈程度，以判断放血是否良好；检查体腔和内脏有无病理变化、肿瘤和寄生虫，检查眼、口腔、鼻腔有无病理变化。根据检疫检验结果，依照有关法规对宰后胴体及内脏进行处理。

● 用于深、精加工的鹅胴体，必须经兽医卫生检验合格、符合产品要求。

● 加工鹅制品使用的辅料必须符合相关食品安全标准。使用添加剂必须符合GB 2760《食品添加剂使用标准》。

二、加工厂厂址选择的卫生要求

既要防止对周围环境的污染，又要避免周围环境对它的污染。

土质坚硬、地势高燥、地下水位低、排水方便。

交通方便、供电方便、供水充足。

周围空气清新，无污染。

三、厂区、车间的卫生要求

● 厂区的布局要求

根据生产情况，厂内应设原料间、辅料间、屠宰间、制品加工车间、成品间、包装车间、机修车间、更衣间、洗手间和污水垃圾处理场等。熟肉制品的加工车间应独立分开设置。

厂内各车间要按产品加工工艺流程的流水生产线合理布局，既方便生产，便于管理，又避免原料、半成品和成品之间的交叉污染。原料与成品分别设出入口。

厂区内应适当绿化。

污水垃圾处理场应与生产场地保持一定距离，排放污水要达到环保部门规定的标准。

● 车间的卫生要求

车间地面、墙壁和顶棚应采用不透水材料，以便于用水清洗，尤其生产车间。地面用水泥纹砖或水磨石铺满。墙壁下部要有1.5米以上墙裙，用白色瓷砖覆铺。地面与墙壁、墙壁与墙壁的交接处应采用圆弧结构。

车间建筑应能防尘、防蝇、防鼠。门窗要加纱窗和纱门。地沟要严密加盖，下水道口要有地漏和铁箅子。

通风采光良好。窗户与地面面积的比例为1 ∶ 5左右。加工车间最好采用全封闭式空气过滤，强力通风。

生产加工车间内要有足够的洗手设备，并采用脚踏式开关。车间门口设鞋消毒池。

四、设备和用具的卫生要求

● 加工设备和用具要与生产规模相适应，并便于清洗、消毒和检修。

● 与肉品直接接触的设备用具表面应平整、耐腐蚀和无毒，不得影响产品的颜色、风味和营养成分。最好使用不锈钢设备和用具，也可用铝合金、搪瓷、玻璃及无毒塑料等制品。

● 设备用具要经常清洗，定期消毒。

五、从业人员的卫生要求

● 从业人员应经过严格培训，受过良好的职业教育，认真学习食品安全法，掌握有关的食品卫生安全知识；自觉遵守卫生制度，养成良好的卫生习惯。

● 从业人员要勤洗澡，勤剪指甲，勤理发，勤换衣服，勤洗头。

● 上班穿工作服，戴工作帽和口罩。操作期间严禁掏耳垢、擤鼻涕、搔痒、抽烟。不得在车间进食和随地吐痰。女从业人员不能戴戒指、擦胭脂、涂口红等。

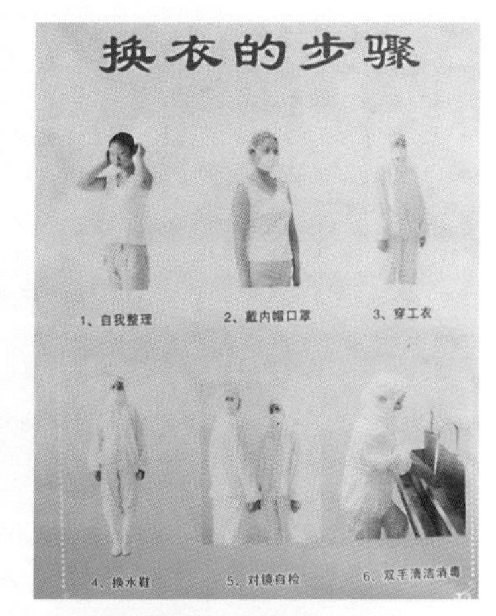

悬挂换衣步骤说明

● 从业人员应每年体检一次。

● 凡患有病毒性肝炎、活动性肺结核、化脓性或渗出性皮肤病和痢疾、伤寒等消化道传染病，以及其他有碍食品卫生的患病者，都不能参与接触食品的工作。

第二节 鹅的屠宰加工

● **活鹅的选择与检验** 待屠宰的鹅必须由兽医卫生检疫人员对活鹅进行严格的检疫，保证检验合格后才允许采购或屠宰。有条件还应该对每批鹅抽样剖检。

检查项目	检查指标
外观检查	体表色泽、完整性，有无寄生虫等异常情况，眼睑、鼻腔、口腔、咽喉等有无充血、出血、溃疡
体腔检查	体腔内部的清洁程度、完整度，有无赘生物、寄生虫及传染病的病变，体腔内壁及肺、肾脏有无异常；有无凝血块，有无粪污和胆汁污染
内脏检查	喉头、气管、气囊、肺脏、肾脏、腺胃、肌胃、肠道、肝脏、脾脏、心脏、法氏囊等器官是否正常

● **宰前饲养管理**

◆鹅分群饲养，休息1 ~ 2天，并充分饮水。

◆在屠宰前停食12 ~ 24小时，只给予充分饮水至宰前3小时。

◆每隔3 ~ 4小时扫除一次粪便，并缓缓轰赶鹅群，促其排便。

● **麻电**　电麻参数：电压不大于70伏，电流不大于0.75安，麻电时间为2～3秒。

● **宰杀放血**　可以采用颈部宰杀法或口腔刺杀法。

颈部宰杀法	从靠近鹅头的颈部下方，第一颈椎与头骨相连的骨缝处进刀，切断颈部的血管、气管和食管，达到放血的目的，又叫切断三管法
口腔刺杀法	鹅的头部向下斜向后固定，将小刀伸入口腔，至颈部第二颈椎处，割断颈静脉与桥静脉联合处，然后刀尖稍抽出，在上颌裂缝中央、眼的内侧斜刺延脑，破坏神经中枢，促进早死，也使羽毛易于拔脱。为了便于放血，应将鹅舌从嘴内扭转拉出，嵌在嘴角外面，以利血流畅通，并避免呛血

● **烫毛**　浸烫鹅的水温一般为70℃左右。具体采用的水温应根据鹅的老嫩和气候情况灵活掌握。浸烫时间一般为30秒至1分钟，当鹅

头部和腹部的羽毛容易拔下时即可进行煺羽。

➢ 烫毛要点

要待鹅呼吸完全停止、死透后才能开始浸烫，否则会使皮肤发红，造成次品。

要在鹅体温完全没有散失的情况下浸烫，否则鹅体冷却、毛孔收缩，影响煺羽。

掌握好浸烫的水温和时间。水温过高，时间太长，去羽毛时容易破皮，造成白条鹅质量下降；水温过低或时间过短，烫得不够，拔羽毛困难。

● **煺羽、浸蜡、脱蜡、去残毛** 浸烫后立即将鹅体放入煺羽机内煺羽，通过相对排列的橡胶辊高度运转的揉搓把羽打掉。鹅体上残存的绒毛和细毛可通过石蜡脱出。将煺毛专用石蜡加热熔化，将鹅体浸入，再取出浸入冷水中，使鹅皮上的蜡液凝固成胶膜，待外表不发黏时取出，将胶膜剥下，残毛被粘除。最后，去除鹅体上残存的绒毛、细毛和毛管。

煺 羽

浸 蜡

脱　蜡

去 残 毛

● **净膛、冷却**　将光鹅的内脏除去，成为胴体白条鹅的过程，即为净膛。净膛后，通过螺旋式冷却机对白条鹅胴体进行预冷。常见的开口方法有四种。

➢ **肛门开口法**　从肛门四周开口(不切开腹壁)，剥离直肠，将除肺脏外的全部内脏拉出。正规的工厂多用此法。

➢ **腹部开口法**　从胸骨至肛门的正中线切开腹腔，扒开胸腔，把全部内脏取出。本法多用于家庭宰杀。

➢ **翅下开口法**　在右翅下开一5～8厘米的月牙形切口，折断开口处的肋骨两根，将全部内脏取出。

肉品冷冻间

➢ **背部开口法**　用于取肥肝的净膛法，也有采用剖开胸腔、腹腔取内脏的方法。

● **产品整理及分割**　经过屠宰加工，得到白条鹅、内脏、血和毛等，按产品的用途分门别类收集整理。对白条鹅胴体，应悬挂沥干。然后，根据加工目的，或者经分级、整形、冷却、冷冻，加工成白条鹅；或者按部位分割，加工成分割肉，并分别包装，冷却或冷冻冷藏，制成分割鹅肉。

第三节 鹅肉冷加工与贮藏

鹅肉的冷加工一般包括冷却、冻结、冷藏和解冻等四个环节。

◆指将鹅肉深层的温度快速降低到-4 ～ 0℃的过程
◆目的：使肉的温度尽快降低
◆方法：温度控制在－3 ～－1℃，相对湿度控制在90%～95%，空气流速1 ～ 1.5米/秒，冷却10 ～ 12小时

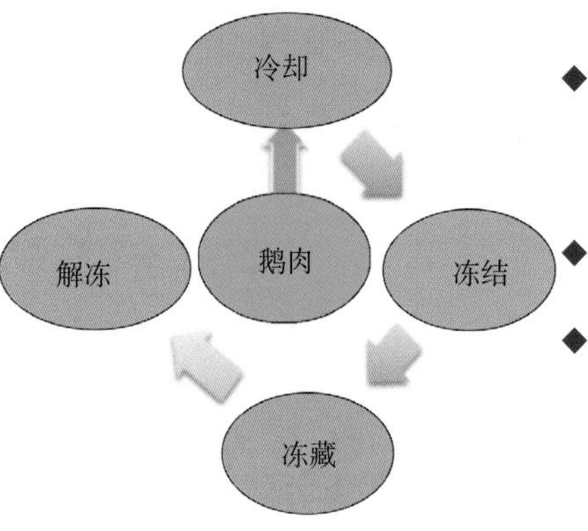

◆冻结的鹅肉内冰晶状态的水转变为液态，同时恢复鹅肉原有状态和特性的工艺过程
◆目的：一般解冻使肉的中心温度回升到－3 ～－2℃
◆方法：主要采用空气解冻和水解冻

◆指将鹅肉的中心温度降低到－15℃以下，使肉中的水分全部或部分冻结的过程
◆目的：使鹅肉可以长期保存
◆方法：温度控制在－25 ～－23℃，湿度90%左右，风速2米／秒，冻结18小时左右

◆是指冻结肉的冷藏，一般将冻结好的鹅肉堆放在低温库内
◆方法：低温库内温度－18℃，相对湿度95%以上，空气自然循环

鹅肉的冻藏要求：

肉的堆放方式应按品种、等级、内销、外销等情况分批、分垛位堆放，堆放应整齐、牢固、安全。

垛与垛之间应保持一定距离，垛与天花板之间、垛与冷排管之间

也应有一定距离。

堆垛时，无论有无包装，垛底应使用垫料，不得与地面直接接触，最好用方木垫，使垛离地面30厘米，便于通风。

在上述条件下冻藏，一般白条鹅可保存8 ～ 12个月。

解冻的方法

空气缓慢解冻

将鹅悬挂或摊放在有衬垫物的地面上，利用自然空气温度，任其解冻。这种解冻，鹅肉肉汁的流失少，但解冻时间长。如在空气温度为3 ～ 5℃的室内，相对湿度为90%～ 92%，使白条鹅肉温从－15℃上升到－2℃，需要近2天时间，空气温度为15℃，解冻时间则需10小时左右。

空气快速解冻

用排风扇向悬挂或摊放冻肉的房间强烈吹风，加速空气流动，使冻鹅肉快速解冻。解冻时间短，但干耗较大。

水解冻

将冻鹅肉浸在水池中，或用水冲淋，可促进鹅肉解冻，干耗也少，但肉的水溶性物质损失较多，使肉色淡白，风味受到影响。

图书在版编目（CIP）数据

鹅标准化规模养殖图册 / 王继文，李亮，马敏主编．
—北京：中国农业出版社，2019.4
（图解畜禽标准化规模养殖系列丛书）
ISBN 978-7-109-25209-7

Ⅰ．①鹅… Ⅱ．①王… ②李… ③马… Ⅲ．①鹅－饲养管理－图解 Ⅳ．①S835.4-64

中国版本图书馆CIP数据核字（2019）第018886号

中国农业出版社出版
（北京市朝阳区农展馆北路2号）
（邮政编码 100125）
责任编辑 颜景辰 林珠英

中农印务有限公司印刷 新华书店北京发行所发行
2019年4月第1版 2019年4月北京第1次印刷

开本：880mm×1230mm 1/32 印张：4
字数：110千字
定价：28.00元